溯源式空气质量模型的原理与应用

胡建林　应　琦　张宏亮　编著

气象出版社

China Meteorological Press

内 容 简 介

颗粒物污染是我国目前最主要的大气环境问题。对其来源的准确解析是制定有效的颗粒物污染防治政策的基础。本书围绕溯源式空气质量模型用于颗粒物来源解析的原理及其在我国颗粒物来源解析中的应用展开,主要内容包括了溯源式空气质量模型对一次颗粒物、二次无机、二次有机以及微量金属组分的行业来源解析,还包括了对区域输送贡献和我国重点城市颗粒物的来源解析,以及对大气硫氮沉降和能见度下降的来源解析。本书还介绍了溯源式空气质量模型的原理及其在我国大气颗粒物来源解析研究中的多个应用案例。

本书可作为环境科学与工程专业学生和科研人员、环境领域科研和管理机构的专业人员的参考资料,为我国大气颗粒物的来源解析研究工作提供参考和借鉴。

图书在版编目(CIP)数据

溯源式空气质量模型的原理与应用 / 胡建林,应琦,
张宏亮编著. -- 北京 : 气象出版社,2023.11
ISBN 978-7-5029-8076-4

Ⅰ. ①溯… Ⅱ. ①胡… ②应… ③张… Ⅲ. ①环境空
气质量-质量模型 Ⅳ. ①X823

中国国家版本馆CIP数据核字(2023)第212750号

溯源式空气质量模型的原理与应用
Suyuanshi Kongqi Zhiliang Moxing de Yuanli yu Yingyong

出版发行:气象出版社

地 址: 北京市海淀区中关村南大街46号		**邮政编码:** 100081	

电 话: 010-68407112(总编室) 010-68408042(发行部)

网 址: http://www.qxcbs.com **E-mail:** qxcbs@cma.gov.cn

责任编辑: 黄红丽 林雨晨 **终 审:** 张 斌

责任校对: 张硕杰 **责任技编:** 赵相宁

封面设计: 艺点设计

印 刷: 北京建宏印刷有限公司

开 本: 787 mm×1092 mm 1/16 **印 张:** 8.75

字 数: 224千字

版 次: 2023年11月第1版 **印 次:** 2023年11月第1次印刷

定 价: 80.00元

序 一

当前,在以 $PM_{2.5}$ 为代表的环境空气质量显著改善的大背景下,我国大气污染的复合特征更加突出,来源成因更加复杂,高效治理更加需要科技支撑。大气复合污染的主要污染物是臭氧和 $PM_{2.5}$,表现为大气氧化性增强,臭氧和二次 $PM_{2.5}$ 快速生成并相互作用。其中 $PM_{2.5}$ 是复合污染中具有综合信息的污染物,既包括了直接排放的一次颗粒物,也包括了更高占比的二次 $PM_{2.5}$。准确识别并量化不同排放源及前体物对一次和二次 $PM_{2.5}$ 的贡献是大气环境化学的科学难题,是精准治理 $PM_{2.5}$ 和持续改善空气质量的科技基础。

基于观测数据的受体模型法和基于空气质量模型的源模型法是目前污染来源解析的主流技术,两种方法各具特色和优势。源模型法在解析二次颗粒物的形成和来源贡献以及量化区域输送的影响等方面发挥着重要作用,近年来在我国的应用也逐渐增多。胡建林、应琦和张宏亮三位学者编著的《溯源式空气质量模型的原理与应用》,为我们提供了一个深入了解溯源式空气质量模型这一重要来源解析工具的机会。该书系统介绍总结了胡建林教授团队在溯源式空气质量模型方面开展的工作,不仅介绍了溯源式空气质量模型的基本原理和方法,还详细介绍了利用该模型对我国一次颗粒物、二次无机颗粒物、二次有机颗粒物、痕量金属组分、区域输送等方面的实际应用。

该书在开发和应用溯源式空气质量模型进行 $PM_{2.5}$ 来源解析具有鲜明的自主特色,并有助于推进臭氧和二次 $PM_{2.5}$ 的综合源解析。我相信该书作为系统介绍溯源式空气质量模型的专著,对科研人员、工程技术人员、管理人员乃至社会公众都具有一定参考价值,也希望读者对本书内容多提宝贵意见,进一步推动溯源式空气质量模型的发展,共同应对我国大气复合污染的挑战,持续改善我国空气质量。

张远航

2023 年 10 月

序　二

近年来我国在大气污染防治方面取得了历史性成就,空气质量显著改善,其中科技支撑发挥了重要作用。空气质量模型作为重要的技术手段之一,在空气质量预测和污染物来源解析等方面为大气污染防治决策提供了重要科学依据。

本书的三位作者长期致力于空气质量模型开发与应用、大气污染物来源解析、大气污染控制策略等方面的研究。《溯源式空气质量模型的原理与应用》是他们多年在空气质量模型领域的理论研究和实践经验的结晶,相信该专著的出版不但对于广大的环境领域科技人员、政策制定者等是一份宝贵的财富,也必将对推动这一领域的技术发展与应用起到重要作用。

《溯源式空气质量模型的原理与应用》系统介绍了溯源式空气质量模型基本原理,以及多个方面模型改进的理论基础。利用解析和预测空气中 $PM_{2.5}$ 浓度及其一次和二次组分来源的大量实际案例详细阐述了溯源式空气质量模型的应用,模型应用技巧与经验对于深入理解和应用此类技术方法十分有益。专著中所阐述的实际应用成果对于进一步认识大气污染来源与成因具有重要的参考价值。作者阐述清晰,深入浅出,易于读者对于复杂的空气质量模型的理解,也会让更多的人能够利用这类技术方法研究分析大气污染问题。

这部专著为我们提供了理解和应用溯源式空气质量模型的重要资源。相信这本书也将对推动大气环境科技领域的发展,特别是在空气质量预测和污染防治措施制定方面,产生深远影响。我很高兴把这本书推荐给对大气环境科学和空气质量模型感兴趣的朋友们。

2023 年 9 月 24 日

前　言

　　大气颗粒物污染是我国亟待解决的环境问题之一。颗粒物污染对人类健康和环境造成直接威胁,也对气候变化等全球问题产生重要影响。大气颗粒物的来源复杂,有直接排放到大气中的一次颗粒物,也有在大气中经过化学反应生成的二次颗粒物。制定科学有效的防治措施,改善和保护我们的空气质量,需要对颗粒物的来源有准确地了解。

　　大气颗粒物来源解析是指通过化学、物理学、数学等方法,定性或定量识别大气颗粒物污染的来源。它在解决空气污染问题方面具有举足轻重的作用。大气颗粒物来源解析能够帮助我们深入了解大气污染物的来源,准确识别不同污染源的影响,更好地指导环境治理决策和政策制定。颗粒物的来源解析研究是一项复杂且系统的技术性工作,目前已有多种技术方法被开发出来,并持续有新方法涌现。

　　我们在 20 年前开始进行空气质量模型研究,在攻读博士学位时接触到溯源式空气质量模型,并开始持续地进行模型开发和应用研究。在 2013 年开始我国实施大气污染防治行动计划后,我们利用溯源式的 CMAQ 空气质量模型对中国的颗粒物污染进行了较为系统的研究,先后开发了可以解析一次颗粒物组分、二次无机颗粒物组分、二次有机颗粒物组分的溯源模型并在不同地区进行了应用。

　　本书旨在向读者介绍溯源式空气质量模型这一重要的来源解析工具。本书内容涵盖了溯源式空气质量模型的基本原理和方法,以及其在实际应用中的具体案例。我们相信,通过学习本书所提供的知识和技术,读者将能够更好地理解空气质量问题的本质和复杂性。无论您是环境科学专业的学生、科研工作者,还是从事环境管理和政策制定的决策者,本书都将为您提供宝贵的参考和指导。

　　胡建林负责本书的内容设计和结构安排,并组织撰写了第 1—4 章及第 8—9 章,应琦组织撰写了第 5—6 章,张宏亮组织撰写了第 7 章。此外,谢晓栋、朱嫣红、李勋、熊开丽、盛笠、胡安琪、王康、孙金金、张娜等参加了本书相关内容的整理和撰写。本书几易其稿,没有他们的帮助,本书难以付梓。

　　最后,我们要特别感谢气象出版社黄红丽编审的支持和帮助,使得本书得以顺利出版。

　　愿本书能让您对大气颗粒物的来源有更全面而深入的了解,激发您对大气污染问题的关注和热情。让我们携手努力,共同建设一个更加清洁、健康的美好环境。

　　由于著者水平有限,本书一定存在疏漏不足之处,敬请读者不吝指正。

胡建林

2023 年 7 月

目　录

第 1 章

大气颗粒物来源解析研究的意义与内容

1.1　大气颗粒物的危害及来源

大气颗粒物是空气中悬浮的固态或液态颗粒状物质的统称,它的粒径范围从几个纳米到上百个微米。大气颗粒物通过散射和吸收光而导致大气能见度降低(Hyslop,2009),也可以通过散射和吸收太阳辐射直接影响或通过改变反照率和云寿命等微物理性质间接影响气候(Fu and Chen,2017)。此外,暴露于高浓度的颗粒物会导致人类各种健康问题,例如呼吸系统疾病(Hacon et al.,2007;Willers et al.,2013;Wang et al.,2019)和心血管疾病(Franchini and Mannucci,2009;Langrish et al.,2012;Ostro et al.,2015)等。据估计,高浓度的 $PM_{2.5}$ 将导致中国每年有 130~136 万人过早死亡(Hu J L et al.,2017b;Lelieveld et al.,2015;Wang et al.,2021)。

历史上,很多国家都发生过由颗粒物导致的空气污染事件,如著名的 1948 年美国多诺拉烟雾事件和 1952 年英国伦敦烟雾事件。1948 年 10 月 26—31 日,位于美国东部宾夕法尼亚州的多诺拉小镇,由于小镇上的硫酸厂、钢铁厂、炼锌厂等工厂排放的含有 SO_2 等有毒有害物质的气体及金属微粒在气候反常的情况下聚集在小镇山谷中积存不散,这些毒害物质附着在悬浮颗粒物上。小镇上的居民在短时间内大量吸入这些毒害物质,6000 人突然发病,其中有20 人很快死亡。1952 年 12 月 5—8 日,在英国伦敦,由于城市冬季取暖燃煤和工业排放的煤烟粉尘在逆温条件下的不断积蓄,许多人很快都感到呼吸困难,眼睛刺痛,流泪不止。伦敦医院由于呼吸道疾病患者剧增而一时爆满,伦敦城内到处都可以听到咳嗽声。仅仅 4 天时间,死亡人数就达 4000 多人;两个月后,又有 8000 多人陆续丧生。

大气颗粒物的来源非常复杂(图 1.1),既可以从污染源直接排放到环境大气(称为一次颗粒物),也可以由气体污染物[如氮氧化物、硫氧化物和挥发性有机化合物(volatile organic compounds,VOCs)等]在大气中通过化学转化生成(称为二次颗粒物)。一次颗粒物和二次颗粒物的化学组分存在明显差异:一次颗粒物主要有元素碳、有机质、矿物质成分等;而二次颗粒物主要包括硝酸盐、硫酸盐、铵盐和二次有机气溶胶(secondary organic aerosol,SOA)等。一次和二次颗粒物的来源都包含天然源和人为源:天然源包括自然沙尘、海浪飞沫、火山喷发、森林野火、植被排放等;人为源主要有化石燃料的燃烧(包括工厂烟囱的排放和机动车等移动源的尾气排放)、生物质燃烧、生产过程、食物烹饪、建筑和道路交通等。

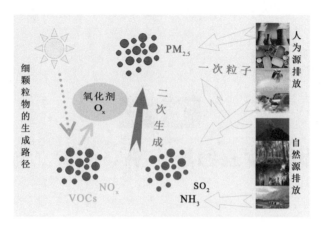

图 1.1   区域细颗粒物的来源和形成示意图

1.2   大气颗粒物来源解析方法

识别颗粒物的来源并准确量化不同来源的贡献是制定有效的颗粒物污染控制政策的基础。自 20 世纪 60 年代以来,美国和欧洲等地区开展了大量的颗粒物来源解析研究工作(Hopke,2016;Viana et al.,2008),在多年的研究中,先后开发出了不同的来源解析方法。如图 1.2 所示,目前来源解析方法可以主要分为三类:源排放清单法(emission inventory)、受体模型法(receptor-oriented models)和源模型法(source-oriented models)(张延君 等,2015)。下面简要介绍一下三种方法的原理及其优缺点。

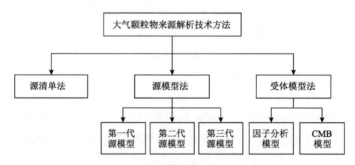

图 1.2   大气颗粒物来源解析技术方法

(引自《大气颗粒物来源解析技术指南(试行)》)

1.2.1   源排放清单法

源排放清单法是基于对各种污染源排放情况的统计和调查,根据不同源类的活动水平和排放因子,估算各个来源排放量,计算为公式为:

$$E = A \times E_F \times (1 - \eta) \tag{1.1}$$

式中,E 和 A 分别为各排放源的排放量和活动水平;E_F 为排放系数;η 为污染控制技术的去除效率。排放来源包括固定燃烧源、工业源、道路交通源、扬尘源等。最终建立一定时间跨度和空间区域上的污染源排放清单数据库,如中国的多尺度排放清单模型(Multi-resolution Emission Inventory for China,MEIC,http://www.meicmodel.org)(Li W et al.,2017),可以反映和评估不同污染源的季节、月份、每天和小时的排放量变化,确定主要的污染源贡献。

　　源排放清单法是最早建立的一种方法,其优点是原理简单、易操作,但存在不确定性较大的问题。不确定性的主要来源包括:(1)一些污染源的活动水平资料缺乏、排放因子的不确定性大,开放源(如扬尘)和天然源排放量的统计较为困难,造成对各个行业源的排放量估算存在较大的不确定性;(2)污染源对排放量的贡献与其对颗粒物浓度的贡献并不对等,其关系受到气象条件、地形、污染源排放高度、大气中的化学转化过程等因素的影响。因此源排放清单法给出污染源的相对重要性,不能给出污染源对颗粒物的定量贡献。目前这种方法一般作为大气颗粒物源解析的辅助方法,为空气质量模型的模拟提供源排放清单,而不再作为颗粒物来源解析的主要方法。

1.2.2　受体模型法

　　20 世纪 60 年代 Blifford 和 Meeker(1967)提出了受体模型的概念,发展至今。主要方法包括化学质量平衡模型法(chemical mass balance,CMB)和因子分析法(factor analysis,FA),其中因子分析法根据大量样品的化学物种相关关系,从中归纳总结公因子,计算因子载荷,通过因子载荷以及源类特征示踪物推断源类别。因子分析法主要包括正矩阵因子分解法(positive matrix factorization,PMF)、主成分分析法(principal component analysis,PCA)、多元线性模型(multi-linear engine,ME2)和 UNMIX 等方法。受体模型的不确定性主要来自于大气 $PM_{2.5}$ 采集和化学成分测量的不确定性、源成分谱的共线性(即不同排放源可能有相似的源成分谱)以及对二次来源正确判定等问题。

　　这里简要介绍一下当前国内外应用最为广泛的两种受体模型方法:CMB 和 PMF 的基本原理。受体模型 CMB 和 PMF 法都是基于质量平衡原理,公式为:

$$X = GF + E \tag{1.2}$$

式中,X 为给定受体站点的化学物种浓度;G 为源对受体站点的贡献;F 为化学物种在源中质量分数,即成分谱(源谱);E 为残差。

　　Miller 等人(1972)在 1972 年提出化学元素平衡法(chemical element balance,CEB),随后 Watson 等人(1984)将该方法命名为 CMB。CMB 法需要输入源谱信息(F)和受体点成分谱信息(X),解出来源贡献量(G),即某化学物种的受体浓度等于源贡献浓度值与源成分谱中该物种质量分数乘积的线性和,并利用有效方差最小二乘法进行求解。CMB 模型发展至今,经历了很多版本的改进,根据质量平衡原理建立起来的,通过物种丰富度和源贡献的乘积之和来表达环境化学浓度。其基本假设为:(1)各类源排放出来的颗粒物的化学组成相对稳定;(2)各类源排放出来的颗粒物的化学成分之间没有相互作用;(3)所有对受体有贡献的主要源都被确定,并且知道他们排放出来的颗粒物的化学组成;(4)元素个数必须大于或等于源的个数;(5)所有污染源成分谱是与线性无关的,即各类源排放出来的颗粒物的化学组成有明显差异;(6)测量方法的误差是随机的,并符合正态分布。传统 CMB 法对源类判别较为明确,且对样品量无要求,然而 CMB 法仅能鉴别输入源谱中的源类别,不能区分化学组成相近的不同源类(即存在共线性问题),且需要输入全面具体的各类本土化污染物源的源成分谱。本土化源谱的输入是 CMB 能够科学合理应用的一个重要前提条件,郑玫等人(2013)研究表明我国本土源谱十分缺乏,相关基础工作薄弱,制约 CMB 方法的有效应用。

由于本土的源谱缺乏,不需要输入源谱的因子分析法得到了广泛的应用。PMF 是 1993 年由 Paatero 和 Tapper 在传统因子分析法的基础上发展的一种新的颗粒物源解析方法 (Paatero and Tapper,1993),基于环境受体点颗粒物样品的化学组分数据,不直接依赖于污染源的化学成分谱资料,因此其应用具有更大的灵活性,并很快在国际上得到推广和使用。PMF 法仅需要输入受体点成分谱信息(X),利用最小二乘法解出源贡献量(G)和源谱信息(F)。PMF 使用自展技术来估计其解析的稳定性,利用与原始采样数据一致的另一组数据来分解出源谱和源贡献矩阵,并与利用原始采样数据解析的结果进行比较,增加了结果的可信度 (王苏蓉 等,2015)。Zhang 等人(2015)指出 PMF 与 CMB 相比,虽然不需要输入本土源谱,但需要有能对源类别有指征意义的示踪物种,而且需要大量样品(样品量通常大于 100 个(Song et al.,2006;Ke et al.,2008))来进行统计运算,生成的源谱可能会有"老化"特征,源类个数确定和源类判别有一定的主观性和不确定性。

1.2.3 源模型法

源模型法(source-oriented model,SM)是基于污染源排放清单和气象场,用数值方法模拟污染物在大气中的传输、扩散、化学转化以及沉降等过程,在此基础上估算不同污染源对受体点污染物浓度的贡献情况(Burr and Zhang,2011a;Kwok et al.,2013;Wang et al.,2009;Burr and Zhang,2011b;Koo et al.,2009)。鉴于模型原理与参数差异,源模型至今为止大体经历 3 代变革(王占山 等,2013):(1)第一代扩散模型主要包括高斯模型和拉格朗日轨迹模型,适于对化学惰性污染物传输范围和污染状况的模拟评价;(2)第二代扩散模型的代表主要包括:城市光化学模型(Urban Airshed Mode,UAM)、区域光化学模型(Regional Oxidant Model,ROM)以及区域酸沉降模型(Regional Acid Deposition Model,RADM)等,其特点是主要针对单一污染问题,例如臭氧、酸沉降和硫沉降等;(3)第三代扩散模型称为 Models-3(Third-generation Air Quality Modeling System)是由美国环境保护局基于"一个大气"概念研发的大气化学传输模型,目的是将各种大气问题纳入模型进行综合考虑。大气化学传输模型的原理是污染物质量守恒方程,公式如下(Byun and Schere,2006):

$$\frac{\partial C_i}{\partial t} + \frac{\partial (uC_i)}{\partial x} + \frac{\partial (vC_i)}{\partial y} + \frac{\partial (wC_i)}{\partial z}$$

$$= \frac{\partial}{\partial x}\left(K_H \frac{\partial C_i}{\partial x}\right) + \frac{\partial}{\partial y}\left(K_H \frac{\partial C_i}{\partial y}\right) + \frac{\partial}{\partial z}\left(K_V \frac{\partial C_i}{\partial z}\right) + R_i + S_i + L_i \tag{1.3}$$

式中,i 为化学物种数($i=1,2,\cdots,N$);C_i 为化学物种 i 的浓度;u,v,w 为水平和垂直方向上的风矢量;K_H,K_V 为水平和垂直方向上的湍流扩散系数;R_i 为化学物种 i 的化学反应速率;S_i 为化学物种 i 的排放速率;L_i 为化学物种 i 的去除速率。

针对模型模拟的结果,可采用源开关法、敏感性分析法、源追踪法等方法进行污染物来源解析评估。源开关法通过关闭或削减某一污染源(如 Brute-force,强力法)得到该源对大气污染物浓度的贡献;敏感性分析法通过直接求解模型灵敏度方程组(如 Decoupled Direct Method,去耦合直接法)估算污染源的贡献;示踪物法(如 Particulate matter Source Apportionment Technology,PSAT 或 Tagged Species Source Apportionment,TSSA 法)通过标识和追踪各类源排放出的污染物在大气中输送、扩散、转化和沉降的过程,利用质量守恒估算不同排放源对空间格点的浓度贡献分担率（Wang et al.，2009；Burr and Zhang，2011b；Baek and Jaemeen，2009）。源模型的源解析不局限于观测点位，还可以得到源解析结果的空间分布；其次，源模型可区分本地排放源和外来传输源，并能分析不同地区的分担率；第三，通过情景模拟，源解析结果对制定大气污染控制政策具有重要的指导意义。这些方法都充分利用了空气质量模型描述污染物在大气中的所有物理和化学过程的优点，但是也继承了空气质量模型存在较大不确定性的缺点。源模型的不确定性主要在于源清单、边界层气象过程以及复杂的大气化学过程，特别是在重污染条件下，其结果的不确定性更明显。

每种方法都有自己的特点。CMB模型的结果有比较明确的物理意义，因为CMB需要所有来源的详细的源谱资料来估算。因此，一些当地来源谱的测试成为准确估计它们贡献的第一步。PMF模型不需要源谱从而易于应用，但通过PMF确定实际来源的因子是比较困难的。此外，由于化学过程的高非线性，CMB和PMF对解析二次污染物的不同来源贡献存在困难。源模型方法可以解析二次污染物的来源，也可以确定不同来源/区域对特定位置的贡献。然而，源结果受排放清单的准确性影响较大。

1.3　我国大气颗粒物源解析现状

我国颗粒物来源解析研究可追溯到1987年（张远航 等，1987）。目前，有关研究在我国很多地区取得了显著进展。回顾总结1987—2017年期间在中国发表的239个颗粒物源解析研究（Zhu et al.，2018），包括187篇同行评审的中文（113）和英文（74）学术文章，43篇硕士论文和9篇博士论文。本研究汇总这些研究的方法和结果，并对我国不同地区颗粒物的主要来源类型及其贡献量进行了综合分析。

1.3.1　我国源解析研究的主要方法

表1.1总结了中国不同时期颗粒物源解析研究的数量。2000年以前只进行了少量的源解析研究；自2010年以来，中国的颗粒物源解析研究数量呈爆发性增长。这些研究中使用的源解析方法也在表1.1中进行了总结。一些研究使用多种方法，因此方法的总数可能大于研究总数。可以看出，中国颗粒物源解析研究应用的方法可以主要分为三大类：(1)受体模型法：包括CMB、PMF、富集因子（enrichment factor，EF）、PCA和FA；(2)源模型法（即空气质量模型AQM）：如社区多尺度空气质量模型（Community Multiscale Air Quality Modeling System，CMAQ）、扩展的综合空气质量模型（CAMx）、大气扩散模型系统（ADMS）等；(3)其他方法：包括同位素比值、单颗粒气溶胶质谱、扫描电子显微镜（SEM）、比例分析、聚类分析等。总体而言，受体模型一直是中国应用最广泛的源解析方法。FA和CMB是源解析研究的早期选择（张远航 等，1987）。最早用PMF进行解析的数据集是1998年（Huang et al.，2009），PMF逐渐取代CMB并成为应用最多的受体方法。自2000年以来，用于源解析研究的方法变得更加多样化。PMF、CMB和PCA是中国最常用的源解析方法，分别占2010年后研究的31.0%、17.9%和16.3%。然而，AQM比PCA多15.2%，成为在2000—2004年期间第三常用的源解析方法。对颗粒物的区域源解析进行了一些AQM研究，但与受体方法（262篇）相比，总数（21篇）仍然很小，仅占所有研究的6.5%。

表 1.1 1980—2016 年间不同时期在中国运用不同方法的颗粒物源解析研究的数量

时期*	研究数量	CMB	PMF	EF	PCA	FA	AQM	其他
1980—1994	5	4	0	0	0	1	0	0
1995—1999	4	3	1	0	0	0	0	0
2000—2004	39	19	8	2	4	2	7	4
2005—2009	57	15	18	11	19	10	2	9
2010—2016	145	33	57	12	30	13	12	27

* 这里是研究年份,发表年份是 1987—2017 年。

分别统计了我国 7 个不同地区的研究情况,7 个地区分别是(1)华北、(2)东北、(3)华东、(4)华中、(5)华南、(6)西南和(7)西北地区。华东和华北地区是研究数量最多的地区,分别开展了 86 项和 71 项研究。在华南、西南、西北、中部和东北地区分别进行了 28 项、26 项、21 项、17 项和 16 项研究,相对较少。尽管在不同地区开展的研究数量差别很大,但在这些研究中使用的源解析方法的百分比是相似的。CMB,PMF 和 PCA 在所有地区都是采用最多的技术,占总数的 44%～76.7%。相比之下,AQM 方法仅占这些研究的 4.5%～16.7%。

1.3.2 我国大气颗粒物的主要来源类别

综合 239 个研究的结果来看,颗粒物的主要源类别包括:(1)扬尘、(2)化石燃料燃烧、(3)交通排放、(4)生物质燃烧、(5)工业排放、(6)二次无机气溶胶(包括硫酸盐,硝酸盐和氨盐)和(7)二次有机气溶胶。二次无机气溶胶和二次有机气溶胶是由来自不同源的气态前体物化学转化生成的,并不是具体的来源种类,但是由于多数研究采用受体模型法,而受体模型法对于二次颗粒物来源解析存在困难,因此在多数研究中被列为单独的源类别。

表 1.2 总结了 2007—2016 年中国各地区的三大来源。二次无机气溶胶、扬尘和工业排放几乎是所有地区 $PM_{2.5}$ 最重要的三大来源,仅在华南、东北和西南地区稍有不同。在华南,交通运输和二次有机气溶胶是重要的颗粒物来源;在东北,由于大量燃煤用于民用供暖,化石燃料燃烧是第三大颗粒物来源;而在西南,生物质燃烧是第三大颗粒物来源。

表 1.2 2007—2016 年期间,中国各地区的三大首要来源

区域	第一来源	第二个来源	第三来源
华北	工业	SIA	扬尘
东北	工业	扬尘	化石燃料
华东	SIA	扬尘	工业
华中	工业	SIA	扬尘
华南	交通	SIA	SOA
西南	SIA	扬尘	生物质
西北	扬尘	SIA	工业

注:SIA,secondary inorganic aerosol,二次无机气溶胶。

SIA 虽然是我国颗粒物的重要组成部分,但是对 SIA 的具体来源贡献研究并不充分。AQM 模型法的研究中对 SIA 的来源贡献做了一定的探讨,包括使用 CMAQ(11 项研究)、CAMx(5 项研究)、NAQPMS 模型(4 项研究)。不同的源解析方法如强力法(6 项研究),非反

应性示踪法(8 项研究),和源导向的方法(6 项研究)已经被应用(Shi et al.,2017;Li L et al.,2015;Li X et al.,2015a;Lu and Fung,2016;Wang et al.,2018;Wang et al.,2014b;Wang et al.,2015b;Wei et al.,2015;Wu et al.,2013;Wang et al.,2014a;Hu Z M et al.,2014;Ying et al.,2014b;Liu et al.,2016a;Xu et al.,2016a;Tao et al.,2014a;Belis et al.,2013;张延君 等,2015;程艳丽 等,2009;肖美,2007;王新 等,2016)。这些研究显示了 SIA 的重要来源,对于 SO_4^{2-} 为化石燃料+工业(63.5%～88.1%),对 NO_3^- 为化石燃料+工业(47.3%～70%)和交通(22%～34%),NH_4^+ 为农业(53.9%～90%)。文献中有较少的 SOA 源解析研究,程艳丽等人(2009)使用强力法的二维模型估算了 2004 年秋季珠三角地区 SOA 的来源贡献;模拟结果发现,生物源、交通源、点源、溶剂及油漆源的贡献对 SOA 形成的贡献分别为 72.6%,30.7%,12% 和 12%,面源和扬尘的贡献小于 5%(注意通过强力法总量超过 100%)。Wang 等人(2018)运用溯源式 CMAQ 模型,发现天然 VOCs 在夏季对 SOA 贡献显著(68.7%),而工业(39%)和民用源(42.2%)在中国是 SOA 冬季的主要贡献者。

需要指出的是,本研究在总结前人研究结果时,对不同研究的结果进行了平均计算。然而,不同方法中主要源类别可能存在不同,即使数据来自同一研究对象,不同研究方法的结果也存在差异。Zhang 等人(2015)使用多种的示踪剂和方法如 CMB-LGO(Lipschitz Generalized Optimization),CMB-MM(Molecular Marker),PMF 和 CMAQ 方法分析了 2001 年 7 月在亚特兰大的 $PM_{2.5}$ 及其化学成分,发现由于各个来源解析方法的原理或假设不同,不同源解析结果存在一定差异,如对于生物质燃烧源,CMB-MM 和 PMF 选择不同示踪物会对结果有较大的影响,而 CMAQ 主要受到源清单不确定性的影响;对于道路交通源,CMAQ 的结果显著偏高,CMB 来源贡献值低于 PMF 结果;对二次有机来源,不同来源解析方法结果差异较大,CMB 的结果偏高,PMF 结果偏低,CMAQ 结果还需进一步完善机理。而陈分定(2011)对比 PMF,CMB 和 FA 模型的结果,CMB 模型较 FA 和 PMF 模型更加成熟,应用也较为广泛,在有详细的受体成分的源谱下,解析结果更加有效;由于 PMF 模型可以得到非负的源成分谱和源贡献率,解析结果优于 FA 模型,更符合实际情况。

综上所述,受体模型是在我国大气颗粒物来源解析研究中应用最广泛的研究方法。一些源导向的空气质量模型也开展了研究,但目前还主要是在一些重点地区。扬尘、化石燃料燃烧、交通排放、生物质燃烧、工业排放、SIA 和 SOA 是 $PM_{2.5}$ 在中国的主要来源,而 SIA、扬尘和工业排放是 2007—2016 年期间七个地理区域颗粒物最重要的来源。一些研究使用区域空气质量模型研究了中国 SIA 和 SOA 的来源,但相关研究还比较有限,尤其是 SOA 的来源研究。

1.4　本书的主要内容及结构安排

近二三十年来,中国经历了严重的区域性灰霾污染,特别是在华北平原和长江三角洲等重点地区,空气动力学直径等于或小于 2.5 μm 的颗粒物($PM_{2.5}$)年均浓度数倍于世界卫生组织的推荐值浓度(Chan and Yao,2008;Fu and Chen,2017;Hu J L et al.,2014a;Wang Y G et al.,2014;Zhuang et al.,2014)。环境测量数据研究表明,高一次颗粒物排放和高二次颗粒物的形成共同导致了我国严重的灰霾污染(Huang et al.,2014)。我国已先后于 2013 和 2018 年实施了《大气污染防治行动计划》(简称"大气十条")和《打赢蓝天保卫战三年行动计划》,取得了显著效果,我国生态环境部报告指出:2013—2018 年全国 74 个主要城市的年平均 $PM_{2.5}$ 浓度有大幅度的下降,降幅达到 42%。大量的研究都表明,2013—2019 年,中国 $PM_{2.5}$ 浓度下降了 30%～40%,细颗粒物污染已经得到显著改善(王跃思 等,2020;Zheng et al.,2018;Wang et al.,2020;Feng et al.,2019;Zhai et al.,2019;Zhang et al.,2019)。但是我国 $PM_{2.5}$ 浓度仍然处于较高水平,秋冬季重污染时常发生,$PM_{2.5}$ 污染治理仍任重道远。随着一次 $PM_{2.5}$ 的持续减排,二次 $PM_{2.5}$ 在总 $PM_{2.5}$ 的所占比例逐渐增加(Huang et al.,2014;Lei et al.,2021;Ding et al.,2019;Zhai et al.,2021;Xu et al.,2019)。未来必须对二次 $PM_{2.5}$ 的来源进行更准确的评估。

源模型法研究除了可以进行一次 $PM_{2.5}$ 的来源解析外,还可以提供 SIA 和 SOA 来源的信息,以及区域输送的影响。然而,目前源模型法在中国的应用还相对有限,因此总结推广源模型法进行颗粒物源解析的原理和应用案例显得更加重要。本书主要介绍了溯源式 CMAQ 空气质量模型(Source-oriented CMAQ)的原理及其在我国大气颗粒物来源解析研究中的多个应用案例。本书可作为环境科学与工程专业学生和科研人员、环境领域科研和管理机构的专业人员的参考资料,为我国大气颗粒物的来源解析研究工作提供参考和借鉴。全书的结构如下:

第 1 章介绍了大气颗粒物的来源解析研究的意义、方法及国内研究现状;第 2 章介绍了溯源式空气质量模型对我国空气质量进行模拟的效果评估;第 3 章到第 6 章分别介绍了溯源式空气质量模型对我国一次 $PM_{2.5}$、二次无机 $PM_{2.5}$、二次有机 $PM_{2.5}$ 和痕量金属组分的来源解析研究的方法及结果;第 7 章着重介绍了溯源式空气质量模型对我国主要省会城市 $PM_{2.5}$ 的来源解析;第 8 章介绍了 $PM_{2.5}$ 的城市间传输对空气质量的影响;第 9 章介绍了溯源式空气质量模型对我国大气能见度及消光系数的来源解析。

溯源式空气质量模型对我国空气质量的模拟验证

　　上一章中介绍到空气质量模型进行来源解析的结果受到源清单的不确定性、气象输入数据的误差以及对复杂大气化学过程数值模拟的偏差等因素影响,因此在利用空气质量模型进行来源解析研究,以及进行污染成因分析、未来浓度预测等其他研究时,需要对模型模拟结果的准确性进行验证,确认模拟结果的可靠性。进行颗粒物来源解析,不仅仅要对颗粒物浓度进行验证,还需对其关键前体物进行验证。这一章介绍源导向 CMAQ 模型对中国进行为期一年(2013 年)的空气质量模拟,并利用中国 60 个主要城市的 422 个大气监测站点的观测数据来对 PM$_{2.5}$ 及组分以及一些气态污染物浓度的模拟结果进行验证,对模型模拟污染物时空变化的能力进行评估。

2.1　模型介绍

2.1.1　模型描述

　　本章中使用的 CMAQ 模型是基于 CMAQv5.0.1 版本。这一版本发布于 2012 年 7 月,广泛应用于全球多个国家和地区的空气质量研究。近年来,我国在二次气溶胶形成机制的研究中取得了一些重要进展。本研究根据近期研究结果,在 CMAQv5.0.1 原始版本上进行了改进,以提高模型预测二次无机和有机气溶胶的能力。本章节中仅介绍对 CMAQ 模型机制改进部分,而对于来源解析技术的修改将在后面章节中分别介绍。

　　对二次有机气溶胶和二次无机气溶胶的改进包括:(1)改进 SAPRC-11 气相光化学机制以提供异戊二烯氧化更详细的化学处理(Ying et al. ,2015)。带有标准集成的原始 SAPRC-11 中的异戊二烯机制(Carter and Heo,2013)被 Lin 等人(2013)使用的详细异戊二烯氧化化学取代,来预测异戊二烯环氧二醇和甲基丙烯酸环氧化物的气相生成。在改进的 SAPRC-11 中使用前体物追踪方案,以追踪来自多种生物和人为源前体物的乙二醛(GLY)和甲基乙二醛(MGLY)的形成。(2)增加了二羰基、异戊二烯环氧二醇和甲基丙烯酸环氧化物的表面非均相反应形成 SOA 的途径(Li X et al. ,2015b;Ying et al. ,2015)。SOA 前体物的表面非均相反应被认为是不可逆的,并使用 Fu 等人(2008)的 GLY 和 MGLY 摄取系数和 Li X 等人(2015b)的异戊二烯环氧二醇和甲基丙烯酸环氧化物摄取系数。更新了甲苯和二甲苯的 SOA 产率(Ying et al. ,2014a),使用 Hildebrandt 等人(2009)提供的更高的甲苯产率取代基于 Ng

等人(2007)的高 NO_x 浓度下甲苯和二甲苯的原始 SOA 产率。(3)使用了校正壁损失效应后的 SOA 产量(Zhang H et al.,2014b)。所有的 SOA 产率都通过(Zhang X et al.,2014)的表 1 中提供的壁损失引起的平均偏差来校正。基于 Ying 等人(2015)对美国东部 SOA 形成的模拟研究,这些改进能显著降低之前研究中有机碳浓度的负偏差。(4)NO_2 和 SO_2 在颗粒物表面的非均相反应形成二次硝酸盐和硫酸盐。SO_2 和 NO_2 在颗粒表面的反应性表面摄取系数分别取自 Ying 等人(2014a)和 Zheng 等人(2015a)。

使用机制更新后的 CMAQ 模型用于模拟我国的颗粒物浓度及来源。化学机理选用了改进过的 SAPRC11 气相化学机理、AERO6 气溶胶机理和 Cloud_acm_ae6 云化学机理进行模拟,并且使用相应化学机理的清单文件为 CMAQ 模型提供排放源信息。模拟区域以中国为中心,覆盖了中国及周边国家和地区,水平分辨率是 36 km × 36 km。通过使用中尺度气象研究与预报模型 WRFv3.6.1 生成气象输入,使用 NCEP FNL 全球分析资料作为初始和边界条件驱动 WRF 模拟详细的 WRF 模型配置可以参考表 2.1。

表 2.1 WRF 模式的主要物理选项

物理名称	意义
Microphysics,微物理	New Thompson 方案
Long wave radiation,长波辐射	RRTM 方案
Shortwave radiation,短波辐射	Goddard 方案
Surface layer,近地面层参数化	Monin-Obukhov 相似理论
Land surface,陆面过程参数化	MM5 热量扩散方案
Planetary boundary layer,边界层参数化	Yonsei University(YSU)方案
Cumulus Parameterization,积云参数化	Grell-Devenyi 集合方案

中国的人为排放数据采用清华大学开发的中国多分辨率排放清单(MEIC;http://www.meicmodel.org),水平分辨率为 $0.25° \times 0.25°$。MEIC 排放清单包括基于单位的发电厂(Wang et al.,2012b)和水泥厂(Lei et al.,2011b)排放清单、高分辨率的县级机动车排放清单(Zheng et al.,2014)以及针对不同化学机制的非甲烷 VOCs 的映射方法(Li J et al.,2014)。MEIC 提供了 SAPRC-07 机制(Carter,2010)对应的 VOCs 物种的排放。由于一次 VOCs 的定义在 SAPRC-07 和 SAPRC-11 机制中保持不变,因此这些 VOCs 排放用于本章。MEIC 还直接提供了总 $PM_{2.5}$ 质量排放和一次有机碳(primary organic carbon,POC)和元素碳(elemental chlorine,EC)的排放。CMAQ 模型中的第 6 代气溶胶模块(AERO6)所需的痕量金属的排放是使用美国国家环境保护局(EPA)SPECIATE 数据库提供的平均物种谱来处理每个 MEIC 源类别。模拟区域中其他国家和地区的排放使用了网格化的 $0.25° \times 0.25°$ 分辨率的亚洲区域排放清单第 2 版(REAS2)(Kurokawa et al.,2013)。REAS2 每月排放的二氧化硫(SO_2)、氮氧化物(NO_x)、一氧化碳(CO)、直径小于 2.5 μm 和 10 μm 的颗粒物($PM_{2.5}$ 和 PM_{10})、黑碳(black carbon,BC)、有机碳(organic carbon,OC)、非甲烷挥发性有机化合物和氨(NH_3)被重现划分到 CMAQ 的 36 km 区域中。

生物排放使用 MEGAN(the Model for Emissions of Gases and Aerosols from Nature)v2.1 生成。叶面积指数是基于每 8 天的中分辨率成像光谱仪(MODIS)LAI 产品(MOD15A2)从 http://reverb.echo.nasa.gov/. 获得,每个 MOD15A2 文件的覆盖区域为 $10° \times 10°$。植被功能类型

(PFTs)是基于全球社区土地模型(CLM 3.0)中使用的 PFT 文件,这些 PFT 数据是从 http://brubeck.colorado.edu/cgdf/login.php 中以 45°×10° 的 nctCDF 图块下载的,并使用 nctCDF Operator(NCO)工具包修补在一起。天生物质燃烧排放来自基于卫星观测的 NCAR 火点排放清单(FINN)(Wiedinmyer et al.,2011)。沙尘和海盐排放由 CMAQ 在线计算。在更新的 CMAQ 模型中,更新了沙尘排放模块以兼容 20 类 MODIS 土地利用数据(Hu J L et al.,2015c)。初始和边界条件是基于 CMAQ 模型提供的代表清洁大陆条件的默认垂直浓度分布。为减少初始条件的影响,前 5 天的模拟结果不计入结果分析。

2.1.2　统计参数计算

为了评估模型的模拟性能表现,本书中使用到的统计参数包括:平均分数偏差(mean fractional bias,MFB)、平均分数误差(mean fractional error,MFE)、均方误差(mean square error,MSE)、均方根误差(root mean square error,RMSE)、标准化平均偏差(normalized mean bias,NMB)、标准化平均误差(normalized mean error,NME)、平均偏差(mean bias,MB)、平均误差(mean error,ME)、平均归一化偏差(mean normalization bias,MNB)、平均归一化误差(mean normalization error,MNE)、总误差(gross error,GE)、平均标准化总误差(mean normalized gross error,MNGE)、相关系数(correlation coefficient,r)。它们的定义及计算公式如表 2.2 所列。

表 2.2　用于评估模型模拟结果的统计参数

统计参数	公式
平均分数偏差 (mean fractional bias,MFB)	$MFB = \dfrac{1}{N} \displaystyle\sum_{i=1}^{n} \dfrac{2(C_m - C_o)}{(C_m + C_o)}$
平均分数误差 (mean fractional error,MFE)	$MFE = \dfrac{1}{N} \displaystyle\sum_{i=1}^{n} \dfrac{2|C_m - C_o|}{(C_m + C_o)}$
均方误差 (mean square error,MSE)	$MSE = \dfrac{1}{N} \displaystyle\sum_{i=1}^{n} (C_m - C_o)^2$
均方根误差 (root mean square error,RMSE)	$RMSE = \sqrt{MSE} = \sqrt{\dfrac{1}{N} \displaystyle\sum_{i=1}^{n} (C_m - C_o)^2}$
标准化平均偏差 (normalized mean bias,NMB)	$NMB = \dfrac{\displaystyle\sum_{i=1}^{n} (C_m - C_o)}{\displaystyle\sum_{i=1}^{n} C_o}$
标准化平均误差 (normalized mean error,NME)	$NME = \dfrac{\displaystyle\sum_{i=1}^{n} |C_m - C_o|}{\displaystyle\sum_{i=1}^{n} C_o}$
平均偏差 (mean bias,MB)	$MB = \dfrac{1}{N} \displaystyle\sum_{i=1}^{n} (C_m - C_o)$
平均误差 (mean error,ME)	$ME = \dfrac{1}{N} \displaystyle\sum_{i=1}^{n} |C_m - C_o|$
平均归一化偏差 (mean normalization bias,MNB)	$MNB = \dfrac{1}{N} \displaystyle\sum_{i=1}^{n} \left(\dfrac{C_m - C_o}{C_o}\right)$

续表

统计参数	公式
平均归一化误差 (mean normalization error,MNE)	$MNE = \dfrac{1}{N}\sum\limits_{i=1}^{n}\left|\dfrac{C_m - C_o}{C_o}\right|$
总误差 (general error,GE)	$GE = \dfrac{1}{N}\sum\limits_{i=1}^{n}\left|C_m - C_o\right|$
相关系数 (correlation coefficient,r)	$r = \dfrac{\sum\limits_{i=1}^{n}(C_m - \overline{C}_m)\sum\limits_{i=1}^{n}(C_o - \overline{C}_o)}{\sqrt{\sum\limits_{i=1}^{n}(C_m - \overline{C}_m)^2}\sqrt{\sum\limits_{i=1}^{n}(C_o - \overline{C}_o)^2}}$

注:C_m为模型模拟浓度值;C_o为观测浓度值;N为模拟-观测数据对的数量;$\overline{C}_m$为模拟浓度平均值;$\overline{C}_o$为观测浓度平均值。

2.2 气象场验证

气象条件与大气污染物的传输、转化和沉降密切相关(Jacob and Winner,2009;Tao et al.,2014a;Zhang H L et al.,2015;Hu X M et al.,2014)。尽管WRF模型已被广泛用于为空气质量模型提供气象输入,但在应用于不同的区域、情景和不同的模型设置时,模型性能会有所不同。因此,气象条件的模拟性能验证对于确保空气质量预测的准确性非常重要。本章使用美国国家气候数据中心(NCDC)提供的观测数据来验证WRF模型预测的地表上方2 m处的温度(T_2)和相对湿度(RH)以及地表上方10 m处的风速(WS)和风向(WD)。模拟区域内大约有1200个气象观测站点。表2.3给出了模型性能评估的统计结果,包括平均观测(OBS)、平均预测(PRE)、平均偏差(MB)、总误差(GE)和均方根误差(RMSE),预测值为对应站点所在网格的WRF模拟结果。表2.3还提供了Emery等人(2001)建议的对美国东部网格分辨率为4~12 km的MM5模型的基准值。

表2.3 2013年所有月份的气象模拟性能

变量	参数	1月	2月	3月	4月	5月	6月	7月	8月	9月	10月	11月	12月	基准值
T_2/K	OBS	267.3	270.4	277.5	282.7	289.3	293.9	297.0	297.1	292.1	286.0	278.1	272.8	
	PRE	266.1	268.9	276.2	281.8	288.7	293.6	296.5	296.5	291.9	286.0	278.4	273.1	$\leqslant\pm0.5$
	MB	1.2	−1.4	−1.3	−0.8	−0.7	−0.3	−0.5	−0.6	−0.2	0.0	0.3	0.3	
	GE	3.7	3.3	3.0	2.7	2.7	2.7	2.6	2.5	2.4	2.5	2.7	2.8	$\leqslant2.0$
	RMSE	4.7	4.5	4.0	3.6	3.5	3.6	3.5	3.3	3.2	3.3	3.5	3.8	
WS/ m·s^{-1}	OBS	3.0	3.5	3.7	3.8	3.6	3.3	3.4	3.4	3.4	3.4	3.5	3.5	
	PRE	3.2	4.8	4.8	4.8	4.4	3.8	4.0	3.8	4.0	4.4	4.6	4.7	$\leqslant\pm0.5$
	MB	0.2	1.3	1.1	1.0	0.7	0.5	0.6	0.5	0.7	1.0	1.1	1.2	$\leqslant2.0$
	GE	1.3	2.0	1.9	1.9	1.7	1.53	1.6	1.5	1.6	1.7	1.9	1.9	
	RMSE	2.6	2.6	2.5	2.4	2.2	2.0	2.0	1.9	2.1	2.3	2.4	2.5	

续表

变量	参数	1月	2月	3月	4月	5月	6月	7月	8月	9月	10月	11月	12月	基准值
WD/°	OBS	187.5	212.0	205.0	202.4	187.3	171.2	187.0	190.6	174.8	183.0	216.0	216.4	
	PRE	209.9	229.1	220.4	216.8	198.5	175.8	200.8	203.4	171.4	182.1	236.5	234.0	≤±10 ≤±30
	MB	**10.5**	**17.1**	**15.4**	**14.4**	**11.2**	4.6	**13.8**	**12.9**	−3.4	−0.9	**20.5**	**17.7**	
	GE	**46.3**	**47.7**	**46.7**	**44.8**	**46.2**	**49.4**	**46.6**	**47.4**	**47.5**	**45.6**	**44.8**	**46.6**	
	RMSE	66.3	65.1	64.1	62.1	63.4	66.4	63.5	64.4	65.0	62.9	61.8	63.8	
RH/%	OBS	64.9	78.9	69.5	67.1	64.3	68.7	70.8	70.4	6938	71.7	72.2	75.3	
	PRE	63.6	73.4	68.4	65.3	64.0	68.1	72.0	72.1	69.2	71.0	68.9	68.7	
	MB	−1.4	−5.6	−1.1	−1.8	−0.3	−0.5	1.2	1.7	−0.6	−0.7	−3.3	−6.5	
	GE	19.2	14.1	15.4	14.9	14.5	13.4	13.5	13.0	12.6	13.5	14.1	14.8	
	RMSE	21.2	18.3	19.4	18.9	18.6	17.4	17.3	16.6	16.3	17.4	18.4	19.8	

注：OBS 是平均观测值；PRE 是平均预测值；MB 是平均偏差；GE 为总误差；RMSE 是均方根误差。基准值为 Emery 等人（2001）对网格分辨率为 4～12 km 的 MM5 模型在美国东部模拟的建议。不符合基准值的以粗体表示。

WRF 模型预测的冬季 T_2 略高，其他季节的 T_2 低于观测值。6 月、7 月和 9—12 月的 MB 值在基准范围内，但 T_2 的 GE 值通常大于基准值。WS 的 GE 值在所有月份都在基准值内，但 MB 值为正，表明 WS 被高估。MB 值在 1 月、6 月和 8 月达到基准，RMSE 值在 6 月、7 月和 8 月在基准范围内。WD 的 MB 值有 3 个月在 ±10 的基准范围内，2 月、11 月和 12 月的 MB 值最大。WD 的 GE 值均比基准值大约 50%。除 7 月和 8 月外，RH 均被低估。尽管在不同研究中，模型、分辨率和研究区域存在差异，本章中 WRF 模型的性能与其他在中国地区的研究相当（Hu J L et al.，2015a；Wang et al.，2010；Ying et al.，2014b；Zhang et al.，2012；Wang et al.，2014b）。

2.3　污染物浓度验证

2013 年 3—12 月逐小时的大气污染物观测数据来自中国国家环境监测中心发布的网站。共获得 60 个城市的 422 个站点的数据，包括 31 个省（区、市）的省会城市。由于气候、地形和排放源的多样性，中国不同地区的污染物浓度呈现出很大的差异。为了确定模型在中国不同地区的优势和劣势，分别对不同地区的模型性能进行了评估。表 2.4 列出了这些城市的名称和所在区域。为保证数据质量，去除了观测数据中 O_3 浓度大于 250 ppb、$PM_{2.5}$ 浓度高于 1500 $\mu g \cdot m^{-3}$ 以及在 24 h 内与标准偏差小于 5 ppb 或 5 $\mu g \cdot m^{-3}$ 的数据点。

表 2.4　不同区域具有观测数据的城市列表

地区	城市
东北（NE）（4）	1. 哈尔滨，2. 长春，3. 沈阳，4. 大连
华北平原（NCP）（14）	5. 承德，6. 北京，7. 秦皇岛，8. 唐山，9. 廊坊，10. 天津，11. 保定，12. 沧州，13. 石家庄，14. 衡水，15. 邯郸，16. 济南，17. 青岛，28. 呼和浩特
长江三角洲（YRD）（20）	21. 连云港，22. 宿迁，23. 徐州，24. 淮安，25. 泰州，26. 扬州，27. 南京，29. 南通，30. 苏州，31. 无锡，32. 上海，33. 湖州，34. 杭州，35. 嘉兴，36. 绍兴，37. 舟山，38. 温州，39. 金华，40. 曲周，41. 丽水

地区	城市
珠江三角洲(PRD)(3)	46. 广州,47. 珠海,60. 深圳
华中(EN)(6)	18. 太原,19. 郑州,20. 合肥,43. 武汉,44. 南昌,45. 长沙
西北(NW)(5)	54. 西安,55. 银川,56. 兰州,57. 西宁,58. 乌鲁木齐
四川盆地(SCB)(2)	52. 重庆,53. 成都
西南和其他(OTH)(6)	42. 福州,48. 海口,49. 南宁,50. 昆明,51. 贵阳,59. 拉萨

2.3.1 O_3 模拟结果验证

表 2.5 显示了气态污染物(每日 1 h 峰值 O_3(O_3-1 h)、每日 8 h 滑动平均峰值 O_3(O_3-8 h)和每小时 CO、NO_2 和 SO_2)、$PM_{2.5}$ 和 PM_{10} 的模型性能的统计结果,包括 2013 年 3—12 月每个月的小时浓度的平均观测值,平均预测值,平均分数偏差(MFB),平均分数误差(MFE),平均归一化偏差(MNB)和平均归一化误差(MNE)。只有浓度大于 30 ppb* 的 O_3-1 h 或 O_3-8 h 被纳入分析。美国国家环境保护局(EPA,2005)建议的阈值浓度为 40 ppb 或 60 ppb,考虑到监测站点都位于城市地区,较高的 O_3 浓度通常出现在城市区域的下风区,因此本章选择了较低的 30 ppb 的阈值。所有月份的 O_3-1 h 和 O_3-8 h 的整体模型性能都符合美国国家环境保护局(2005)建议的模型性能标准,除了 3 月和 4 月的 O_3-1 h 和 6 月的 O_3-8 h。虽然 MNB 符合标准,但 6 月和 7 月 O_3-1 h 的 MNE 略高于标准。5 月份 O_3-8 h 的 MNB 超出标准,但 MNE 符合标准。在大多数月份中相对较小的 MNB/MNE 和 MFB/MFE 表明 O_3-1 h 和 O_3-8 h 被很好地模拟。

表 2.5 2013 年 3—12 月 O_3-1 h、O_3-8 h、$PM_{2.5}$、PM_{10}、CO、NO_2 和 SO_2 的模型性能

变量	参数	3 月	4 月	5 月	6 月	7 月	8 月	9 月	10 月	11 月	12 月	标准值
O_3-1 h/ ppb	OBS	53.96	57.73	65.37	67.72	65.7	68.3	60.73	57.97	49.18	46.53	
	PRE	58.09	61.76	66.91	67.82	63.23	66.47	59.5	54.92	45.66	42.09	
	MFB	0.08	0.09	0.05	0.01	−0.01	−0.01	0.01	−0.03	−0.05	−0.09	≤±0.15
	MFE	0.29	0.27	0.25	0.3	0.29	0.28	0.27	0.26	0.27	0.32	≤ 0.3
	MNB	**0.16**	**0.17**	0.11	0.1	0.06	0.06	0.07	0.01	0.01	−0.01	
	MNE	**0.34**	**0.32**	0.28	**0.33**	**0.31**	0.3	0.29	0.26	0.26	0.28	
O_3-8 h/ ppb	OBS	50.4	47.44	52.59	54.36	51.79	54.03	48.63	48.03	40.31	38.92	
	PRE	48.81	51.49	57.86	59.58	54.05	58.07	50.64	48.48	40.6	40.7	
	MFB	−0.05	0.07	0.1	0.08	0.03	0.06	0.04	0.01	−0.01	0.01	≤±0.15
	MFE	0.29	0.24	0.24	0.28	0.26	0.26	0.25	0.24	0.25	0.27	≤ 0.3
	MNB	**0.03**	**0.13**	**0.16**	**0.16**	0.09	0.12	0.1	0.06	0.03	0.07	
	MNE	**0.29**	**0.28**	0.28	**0.32**	0.28	0.29	0.27	0.25	0.24	0.27	

---

* 1 ppb$=10^{-9}$

续表

变量	参数	3 月	4 月	5 月	6 月	7 月	8 月	9 月	10 月	11 月	12 月	标准值
$PM_{2.5}$ / $\mu g \cdot m^{-3}$	OBS	81.68	62.07	60.12	60.83	45.52	47.1	56.08	85.69	88.93	123.73	
	PRE	66.12	43.24	39.28	41.6	31.31	39.07	52.24	56.09	80.21	126.83	
	MFB	−0.24	−0.4	−0.47	−0.41	−0.48	−0.31	−0.21	−0.42	−0.17	−0.07	≤±0.6
	MFE	0.59	0.63	0.68	0.69	0.72	0.65	0.62	0.64	0.6	0.59	≤0.75
	MNB	0.04	−0.16	−0.19	−0.09	−0.17	−0.01	0.11	−0.16	0.17	0.3	
	MNE	0.61	0.54	0.58	0.63	0.63	0.64	0.68	0.56	0.7	0.75	
PM_{10} / $\mu g \cdot m^{-3}$	OBS	151.39	121.56	111.90	96.95	79.90	85.04	98.27	136.02	150.27	178.78	
	PRE	74.72	52.48	45.37	46.58	35.59	44.63	57.53	65.12	90.22	136.26	
	MFB	−0.59	−0.73	−0.79	−0.68	−0.78	−0.65	−0.54	−0.65	−0.48	−0.34	
	MFE	0.74	0.83	0.89	0.82	0.88	0.79	0.73	0.77	0.72	0.63	
	MNB	−0.31	−0.43	−0.45	−0.35	−0.44	−0.35	−0.24	−0.36	−0.16	−0.04	
	MNE	0.56	0.58	0.62	0.62	0.63	0.59	0.60	0.59	0.64	0.62	
CO / ppm	OBS	1.17	0.94	0.86	0.8	0.73	0.75	0.85	1.09	1.16	1.48	
	PRE	0.37	0.26	0.25	0.26	0.23	0.25	0.29	0.31	0.41	0.59	
	MFB	−0.89	−0.97	−0.97	−0.91	−0.95	−0.92	−0.9	−0.98	−0.88	−0.8	
	MFE	0.95	1.01	1	0.95	0.99	0.96	0.95	1.02	0.92	0.86	
	MNB	−0.54	−0.6	−0.6	−0.56	−0.58	−0.56	−0.56	−0.61	−0.54	−0.49	
	MNE	0.63	0.65	0.65	0.63	0.64	0.63	0.63	0.66	0.62	0.59	
NO_2 / ppb	OBS	23.33	21.26	19.83	18.11	16.34	16.5	19.74	24.82	27.41	31.41	
	PRE	10.11	8.87	8.51	8.74	8.12	8.77	10.45	11.85	13.45	13.87	
	MFB	−0.83	−0.88	−0.86	−0.79	−0.79	−0.73	−0.71	−0.76	−0.7	−0.77	
	MFE	0.94	0.99	0.99	0.95	0.95	0.91	0.89	0.91	0.85	0.87	
	MNB	−0.45	−0.48	−0.46	−0.4	−0.4	−0.35	−0.35	−0.39	−0.37	−0.44	
	MNE	0.65	0.67	0.68	0.68	0.68	0.67	0.66	0.65	0.62	0.61	
SO_2 / ppb	OBS	19.1	15.8	15.25	12.93	12.32	12.96	13.24	15.53	21.74	27.88	
	PRE	11.64	8.87	8.31	8.61	7.09	8.88	11.94	14.25	17.91	23.32	
	MFB	−0.61	−0.66	−0.68	−0.59	−0.73	−0.56	−0.39	−0.29	−0.31	−0.32	
	MFE	0.89	0.9	0.91	0.89	0.98	0.89	0.84	0.78	0.82	0.83	
	MNB	−0.14	−0.23	−0.23	−0.11	−0.22	−0.08	0.23	0.25	0.29	0.31	
	MNE	0.79	0.74	0.76	0.8	0.81	0.82	1	0.95	1.01	1.03	

注：OBS 是平均观测值；PRE 是平均预测值；MFB 是平均分数偏差；MFE 是平均分数误差；MNB 是平均标准偏差；MNE 是平均标准误差。$PM_{2.5}$ 的模拟性能标准由 EPA(2007) 提供，EPA(2005) 提出了 O_3 的模拟性能标准。不符合标准的值以粗体表示。

表 2.6 列出了不同地区 O_3-1 h 和 O_3-8 h 的模型性能情况。模型在华北平原(NCP)、长江三角洲(YRD)、珠江三角洲(PRD)和东北(NE)地区达到标准，在四川盆地(SCB)、中部(CEN)和西北(NW)地区的模拟性能相对较差。O_3-1 h 和 O_3-8 h 浓度在 YRD 和 PRD 略有低估，但

在所有其他地区高估。由于城市数量有限，不能充分代表整个地区，因此应谨慎解释 NCP 和 YRD 以外地区的模型性能。

表 2.6　2013 年 3—12 月 O_3-1 h、O_3-8 h、$PM_{2.5}$、PM_{10}、CO、NO_2 和 SO_2 在不同地区的模型性能

变量	参数	NCP	YRD	PRD	SCB	NE	CEN	NW	其他
O_3-1 h/ppb	OBS	65.18	63.84	65.7	67.85	53.37	63.1	54.5	54.21
	PRE	65.84	59.02	56.6	71.36	57.9	62.79	60.5	55.37
	MFB	0.03	−0.07	−0.13	0.08	0.09	0.03	0.14	0.05
	MFE	0.27	0.27	0.3	0.31	0.24	0.31	0.28	0.28
	MNB	0.1	−0.01	−0.06	**0.18**	0.14	0.12	**0.22**	0.13
	MNE	0.3	0.26	0.29	**0.36**	0.27	**0.34**	**0.33**	0.3
O_3-8 h /ppb	OBS	53.38	52.96	51.25	53.48	46.73	49.88	44.26	45
	PRE	57.51	51.72	46.13	59.04	52.18	54.33	52.67	49.94
	MFB	0.06	−0.03	−0.11	0.1	0.1	0.08	0.18	0.1
	MFE	0.26	0.26	0.26	0.26	0.23	0.26	0.28	0.24
	MNB	0.13	0.02	−0.06	**0.17**	0.15	0.15	**0.25**	0.16
	MNE	0.3	0.26	0.24	**0.3**	0.26	**0.3**	**0.33**	0.28
$PM_{2.5}/\mu g \cdot m^{-3}$	OBS	90.85	65.55	49.28	65.61	60.93	77.74	70.13	42.7
	PRE	65.5	55.55	29.19	78.83	48.57	74.95	33.84	33.55
	MFB	−0.33	−0.27	−0.56	0.05	−0.26	−0.16	**−0.75**	−0.53
	MFE	0.64	0.57	0.68	0.57	0.62	0.57	**0.88**	**0.77**
	MNB	−0.01	−0.04	−0.33	0.47	0.03	0.15	−0.39	−0.2
	MNE	0.65	0.54	0.52	0.84	0.63	0.66	0.65	0.63
$PM_{10}/\mu g \cdot m^{-3}$	OBS	164.80	104.94	69.85	104.79	99.08	122.64	143.95	68.67
	PRE	73.69	63.47	34.20	86.70	52.80	80.44	44.25	35.63
	MFB	−0.71	−0.55	−0.69	−0.25	−0.62	−0.49	−0.98	−0.76
	MFE	0.84	0.70	0.77	0.62	0.78	0.70	1.05	0.87
	MNB	−0.37	−0.30	−0.43	0.07	−0.32	−0.20	−0.56	−0.42
	MNE	0.63	0.54	0.55	0.68	0.60	0.60	0.69	0.62
CO/ppm	OBS	1.22	0.8	0.81	0.82	0.79	1.11	1.13	0.75
	PRE	0.37	0.29	0.22	0.41	0.25	0.4	0.23	0.22
	MFB	−0.89	−0.86	−1.11	−0.62	−0.93	−0.87	−1.21	−1.04
	MFE	0.95	0.9	1.12	0.71	0.96	0.93	1.22	1.07
	MNB	−0.54	−0.55	−0.69	−0.39	−0.58	−0.52	−0.72	−0.63
	MNE	0.63	0.6	0.7	0.52	0.63	0.62	0.74	0.68
NO_2/ppb	OBS	24.28	21.42	23.12	21.2	21.09	21.01	22.23	16.2
	PRE	11.26	11.77	10.71	12.53	6.37	12.03	8.4	4.29
	MFB	−0.72	−0.65	−0.7	−0.56	−1.09	−0.62	−0.95	−1.24
	MFE	0.85	0.83	0.83	0.78	1.15	0.83	1.05	1.28
	MNB	−0.39	−0.31	−0.39	−0.24	−0.61	−0.27	−0.52	−0.7
	MNE	0.62	0.63	0.6	0.62	0.73	0.66	0.69	0.75

续表

变量	参数	NCP	YRD	PRD	SCB	NE	CEN	NW	其他
SO$_2$/ppb	OBS	22.31	14.07	10.41	12.83	21.06	17.26	16.66	11.81
	PRE	12.24	8.66	8.07	25.77	5.13	18.55	11.58	10.28
	MFB	−0.57	−0.62	−0.45	0.34	−1.14	−0.24	−0.6	−0.63
	MFE	0.8	0.87	0.77	0.73	1.21	0.8	0.95	1
	MNB	−0.21	−0.22	−0.1	1.5	−0.61	0.46	−0.07	−0.02
	MNE	0.66	0.71	0.69	1.78	0.76	1.13	0.86	0.94

注:不符合标准的值以粗体表示。

图 2.1 给出了模拟的月均 O$_3$ 浓度的昼夜变化与所有 60 个城市的观测结果的对比。对于有多个站点的城市,观测和模拟在各个站点进行匹配,取平均观测和模拟值来代表城市的浓度。一些城市如北京等城市的昼夜变化很大,特别是在夏季;其他城市如拉萨等城市的昼夜变化很小。总体而言,模型成功地再现了大多数城市的月均日变化,尽管同一地区的城市之间的模型表现可能完全不同。例如,在东北地区,沈阳和长春的月均模拟值与观测结果一致,但在大连(一个沿海城市),夏季的模拟值偏高。在华北平原地区,模型很好地预测了 O$_3$ 浓度,在少数城市略有高估,特别是在夏季的月份,这与表 2.5 和表 2.6 中显示的小时 O$_3$ 的模型性能相吻合。在长三角地区,模型很好地预测出 O$_3$ 的月平均昼夜变化。舟山和温州夏季的峰值 O$_3$ 明显低估,这很可能是由这些港口城市排放的低估造成的,虽然气象条件的不确定性也可能会起到一定的作用。在珠三角地区,广州和深圳夏季和秋季的月份 O$_3$ 略有低估,但在珠海的模拟结果很好。在珠三角地区的所有三个城市中,春季和秋季的月份的 O$_3$ 浓度较高,模型正确地捕捉了这一趋势。在四川盆地地区,模型正确地模拟了成都春季更高的 O$_3$ 浓度,但高估了重庆春季的 O$_3$ 浓度。对于华中地区,O$_3$ 模拟值在郑州和合肥高于观测值,但在其他城市与观测值吻合。在西北地区,观测到的 O$_3$ 浓度要低得多,除了西安和乌鲁木齐在夏季表现良好以外,通常全年都有高估。

图 2.2 显示了中国主要地区典型城市模拟和观测的月平均 O$_3$-1 h 和 O$_3$-8 h 浓度的比较:北京代表 NCP,上海代表 YRD,广州代表 PRD,西安代表 NW,沈阳代表 NE,重庆代表 SCB。在北京,模型很好地重现了 O$_3$-1 h 和 O$_3$-8 h 冬季低、夏季高的季节变化特征。除 8 月外,模型略微高估从 6 月到 12 月的 O$_3$ 浓度。在上海,O$_3$-1 h 和 O$_3$-8 h 都被低估了 5~10 ppb,但它们的月变化被模型较好地捕捉到。在广州,O$_3$ 浓度的月变化不明显。O$_3$-1 h 被低估,特别是在夏季和秋季的月份,O$_3$-8 h 的预测值更接近观测结果。在西安,模型在 7—9 月很好地预测了 O$_3$-1 h 和 O$_3$-8 h 浓度,而在其他月份高估最多达 20 ppb。在沈阳,模型很好地再现了 O$_3$-1 h 和 O$_3$-8 h 月变化趋势,模拟值和观测值的误差均小于 5 ppb。在重庆,春季、秋季和冬季出现高估,而夏季出现低估。

2.3.2　VOCs 模拟结果验证

图 2.3 给出了 2013 年 8 月模拟的集成一次 VOCs(ARO1,ARO2 和 ALK5)和异戊二烯(在 SAPRC-11 机制中是 SOA 生成的前体物)的逐小时浓度与南京信息工程大学的观测结果的对比。VOCs 监测点位于南京信息工程大学校园内的学科楼的屋顶(33.205°N,118.727°E),离

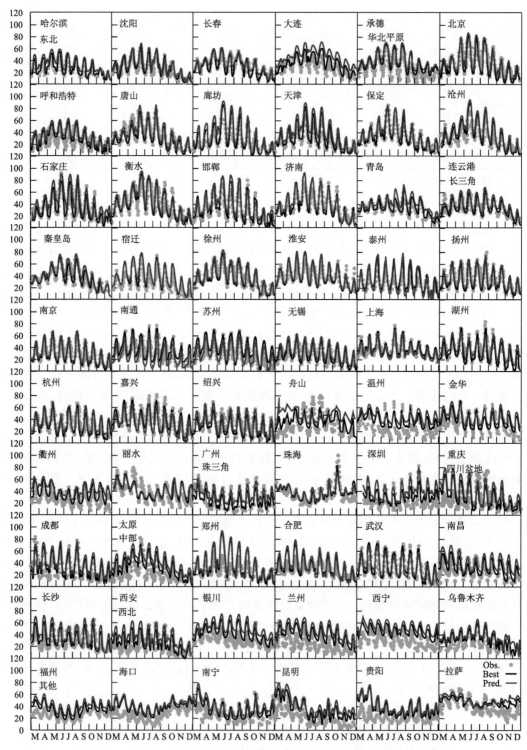

图 2.1 2013 年 3—12 月模拟的 O₃ 浓度的月平均日变化与观测的比较

（Obs.——观测值；Pred.——在每个城市中心点所在网格单元处的预测值；

Best——在 3×3 网格单元内最接近观测值的预测值，单位：ppb）

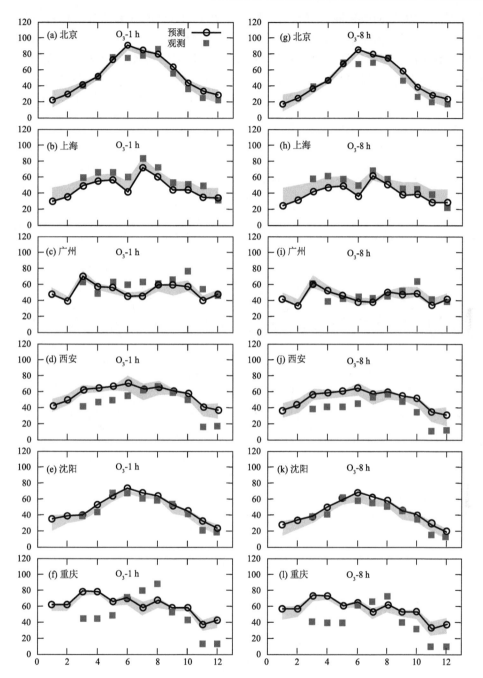

图 2.2　北京、上海、广州、西安、沈阳和重庆月均 O_3-1 h 和 O_3-8 h 的模拟值和观测值的对比
（灰色阴影表示观测点周围 3×3 网格内预测值范围，单位：ppb）

地面高约 15 m。VOCs 物种的测量与美国国家环境保护局的光化学空气监测站（PAMS）使用相同的方案（https：//www. 3. epa. gov/ttnamti1/pamsmain. html）。利用观测到的 54 种详细的 VOCs 物种的浓度计算归纳的 SAPRC-11 物种的浓度。除了这些 SOA 前体物之外，还比较了模拟的乙烯（ETHE）、归纳的一次烯烃（OLE1 和 OLE2）、乙醛（CCHO）和归纳的高醛

(RCHO),它们对大气的氧化能力有显著贡献。虽然 CCHO 和 RCHO 都可以被直接排放,但在受污染的城市地区,大多数都是由其他 VOCs 的氧化形成的。与观测的对比中还包括来自异戊二烯的氧化产物甲基丙烯醛(MACR)和甲基乙烯基酮(MVK)。甲基乙基酮(MEK)的模拟性能也进行了评估,它既可以作为一次物种被排放,又可以从许多 VOCs 和它们的氧化产物(如 MACR 和 MVK)的氧化中二次形成。监测仪器所在的网格单元的模拟浓度用于与观测结果进行比较。为了说明 VOCs 物种的空间差异性,在对比中还显示了以监测点为中心的 9 个网格单元中的 VOCs 浓度的范围。

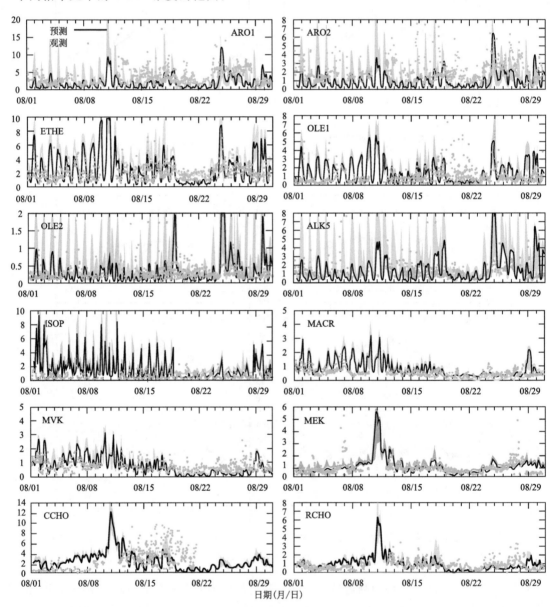

图 2.3　南京 8 月份 VOCs 浓度的模拟和观测结果对比
(基于单个 VOCs 物种的观测值来计算 SAPRC-11 机制中的归纳 VOCs 的浓度;
阴影区域表示监测站点周围 9 个网格单元中的预测值范围,单位:ppb)

　　模拟的人为源一次排放物种（ETHE、OLE1、OLE2、ARO1、ARO2 和 ALK5）具有较大的空间差异。这表明城市地区的排放量可能更高，但农村地区的排放量显著降低。这些物种的逐日变化通常被很好地捕获。例如，模型正确模拟了 8 月 20—24 日期间 ETHE 和其他一次物种的减少以及随后 8 月 25 日的快速增加。这种逐日变化是由于气象条件的变化。除工作日和周末的差别外，模型中同一月的排放量保持不变，并且未考虑导致同一月内排放逐日变化的其他因素（如烟羽上升）。观测的 OLE2 浓度在 8 月 20—22 日期间显示出不正常的高浓度，这可能是由于取样点附近的局部排放的影响。对于 ARO1 和 ARO2 这两大 SOA 前体物，在取样点的模拟浓度比观测略低（MFB 分别为 −0.63 和 −0.77）。ALK5 浓度低于芳香族化合物，并且模型既有高估也有低估，总的 MFB 为 −0.05，MFE 为 0.69。由于烯烃对大气氧化能力的影响很重要，模型预测和观测结果之间的一致表明在该位置 SOA 前体物的初始氧化速率可以合理地预测。

　　模拟的异戊二烯浓度显示出明显的逐日变化，8 月上半月浓度较高（峰值高达 8 ppb），下半年浓度较低（下午达到 1～2 ppb）。模拟的异戊二烯浓度呈现尖锐的高峰形状，通常仅持续 1～2 h。观测的异戊二烯浓度没有显示出显著的逐日变化，整个月的小时浓度峰值约为 2 ppb。由于异戊二烯在典型的白天城市大气条件下是短寿命的物种，且本章使用的网格分辨率较粗，因此预测的高浓度不能归因于区域传输的影响。模拟的逐日浓度的变化必须归因于 MEGAN 模型估计的异戊二烯排放。之前的一项研究表明，由于不正确的植被类型和占比以及叶面积指数，MEGAN 模型可能过高估计了城市地区的异戊二烯排放（Ying et al.，2015）。然而，其他一些研究表明，观测的异戊二烯很大一部分不是来自植被，而是来自城市地区的其他来源（Hellen et al.，2012；Borbon et al.，2001；Mclaren et al.，1996）。因此，需要进行更详细的分析来确定引起预测的异戊二烯排放量在下午快速增加的原因。

　　模拟和观测的异戊二烯的氧化产物 MACR 和 MVK 显示出更好的一致性（MFB ＝ −0.14 和 −0.35；MFE ＝ 0.68 和 0.74）。8 月上半月这些物种的观测值较高，这可能会对异戊二烯的测量结果产生一些不确定性。然而，这些物种的寿命比异戊二烯长得多，因此，从高异戊二烯排放区域的传输可以解释更高的观测值。下半月由于天气条件的变化，异戊二烯的区域排放量减少，从而减少了输送到监测站点所在网格的 MACR 和 MVK 的浓度。总之，这两个物种与观测结果的良好一致性为预测异戊二烯生成的 SOA 提供了一个良好的基础。

　　对于其他氧化产物（CCHO、RCHO 和 MEK），观测和模拟的 RCHO 和 MEK 浓度显示极好的一致性（MFE ＝ −0.04 和 0.16，MFE ＝ 0.68 和 0.53）。CCHO 的观测结果较不完整，并且观测浓度远高于 8 月 14—21 日的预测值。对于这三个物种，预测的 8 月 11 日的峰值与观测结果一致。然而，由于 8 月 10—11 日的设备问题，VOCs 的观测无法获得，因此无法评估此期间的预测峰值是否实际发生。由于研究期间可用的观测数据有限，对 VOCs 物种的评估仅针对单一月份和单个站点。尽管如此，本章的评估结果为 VOCs 的排放和化学行为提供了一定的支持，至少在该地区模型系统合理地抓住了这些特征。

2.3.3　PM$_{2.5}$模拟结果验证

　　不同月份和地区的 PM$_{2.5}$模型性能分别在表 2.5 和表 2.6 中说明。2013 年 3—12 月的小时 PM$_{2.5}$的 MFB 和 MFE 均符合美国国家环境保护局建议的标准。所有月份的 MFB 均为负值，表明模型低估 PM$_{2.5}$浓度。模型在 3 月、9 月、11 月和 12 月表现较好，MFB 小于 0.3。4

月、5 月、6 月、7 月和 10 月的模拟偏差相对较大,MFB 超过 0.4。PM_{10} 在很大程度上被低估,很可能是由于低估了自然源和人类活动产生的扬尘排放。

$PM_{2.5}$ 的模型性能在不同地区的表现也不同。模型显著地低估 NW 和其他地区(主要是西南部城市)的 $PM_{2.5}$。特别是在 NW 地区,MFB 为 −0.75,MFE 为 0.88。其他地区模拟的 $PM_{2.5}$ 均满足性能标准。虽然大多数地区的模型性能符合标准,但在所有区域(SCB 除外)中均发现 $PM_{2.5}$ 浓度的低估,表现为负的 MFB。PM_{10} 在各个地区都有类似的表现。

图 2.4 显示所有 60 个城市模拟和观测的月均 $PM_{2.5}$ 浓度的对比。在 NE 地区,夏季月份的模拟结果与观测一致;秋季和冬季月份大连的模拟值和观测值一致性较好,而其他地区的浓度被低估。在 NCP,大多数城市 $PM_{2.5}$ 浓度的月变化趋势都被很好地捕获;模型趋向于低估春季和夏季的浓度,并高估 12 月的浓度;沿海城市青岛是个特例,夏季低估,其他月份模拟较好。在 YRD,除了沿海城市(舟山和温州)和山区城市(衢州和丽水)以外,模型在大部分地区的所有月份均很好地再现 $PM_{2.5}$。在 SCB,模型低估了重庆冬季的浓度,但除 3 月和 4 月外,模型很好地估计了成都的浓度。在 CEN,模型在所有城市都很好地捕捉到 $PM_{2.5}$ 的季节变化趋势,但高估了大多数城市 12 月的浓度。在 NE,$PM_{2.5}$ 被一致性地低估。对于其他地区,沿海城市(福州和海口)的预测值与观测值吻合,拉萨的浓度有很大的低估。在大多数月份,观测站点周围 3×3 网格中与观测最接近的值与城市中心的预测值相似,10 月、11 月和 12 月在几个城市有明显差异;这表明冬季一次颗粒物的贡献比夏季更高,因为相较于二次颗粒物,一次颗粒物有更高的浓度梯度。

总的来说,MEIC 清单驱动的 WRF/CMAQ 模型系统能很好地再现大多数地区、大多数月份的 O_3 和 $PM_{2.5}$ 浓度。O_3 的高估发生在低浓度的冬季,同时 $PM_{2.5}$ 的低估出现在低浓度的西北地区的夏季。表 2.5 和表 2.6 也提供了 CO、NO_2 和 SO_2 的模型性能,尽管这些污染物没有性能标准,但其模型性能与其他国家或地区的研究相比具有相同的范围(Tao M et al.,2014)。模型在不同地区的模拟性能因排放、地形和气象条件的差异而不同。这些物种的模拟性能可以作为排放不确定性的指标,这将在 2.4 节中进一步讨论。

2.3.4　$PM_{2.5}$ 组分模拟结果验证

图 2.5 给出了模拟的 EC 和 OC 浓度与观测值的比较。EC 和 OC 观测来自以下几个站点:北京站点 1(北京航空航天大学,2013 年 1 月和 3 月)(Wang et al.,2015a)、北京站点 2(清华大学,2013 年 1 月和 3 月)(Li J et al.,2014a)、南京(江苏省环境科学研究院,2013 年 12 月)(Li H et al.,2015)、广州(天湖,2013 年 1 月和 2 月)(Lai et al.,2016)。这三个城市代表非常不同的气候和排放条件,并且可能具有不同的 SOA 形成途径。

清华和北航校区相距 3 km,位于同一个模型网格单元中。2013 年 1 月,清华站点只有 1 月 8—14 日的观测数据可以获得,与在北航站点的观测浓度非常相似。在高 OC 浓度(60~80 $\mu g \cdot m^{-3}$)期间,两组观测值基本一致,表明高浓度不是由于监测站点附近的本地排放,可能是区域性的污染事件。已有的观测表明,2013 年 1 月发生了几次覆盖全国大部分地区的高浓度颗粒物污染事件。EC 的模拟与观测结果一致(MFB=0.23,MFE=0.48)。虽然模型对 OC 逐日变化的模拟结果与观测一致(MFB=−0.36,MFE=0.53),但模拟值在高浓度日显著低于观测结果,除了在 1 月最后一周的一次污染事件中。即使在高污染日,模拟的 EC 与观测吻合,表明一次排放和气象场足够准确,并不是 OC 低估的主要原因。因此,OC 低估很可能是由

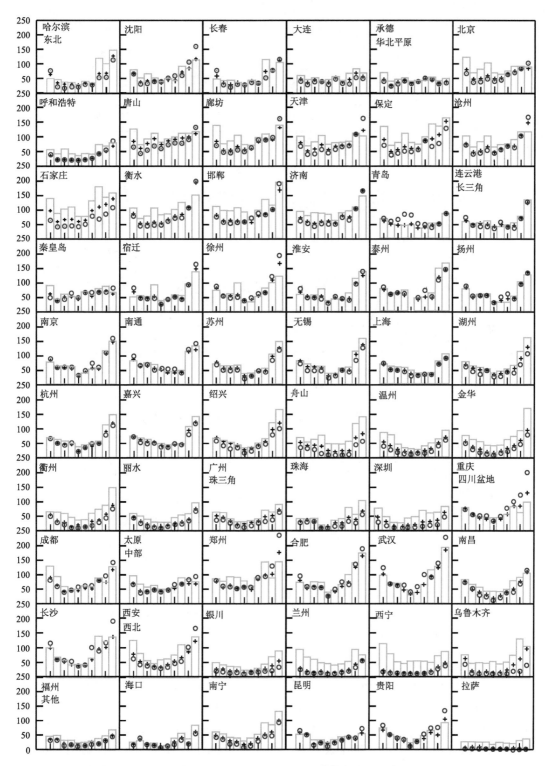

图 2.4 2013 年 3—12 月模拟的(柱状)和观测的(圆圈)月平均 $PM_{2.5}$ 浓度的对比

(十:3×3 网格中最接近观测值的预测值,单位:$\mu g \cdot m^{-3}$)

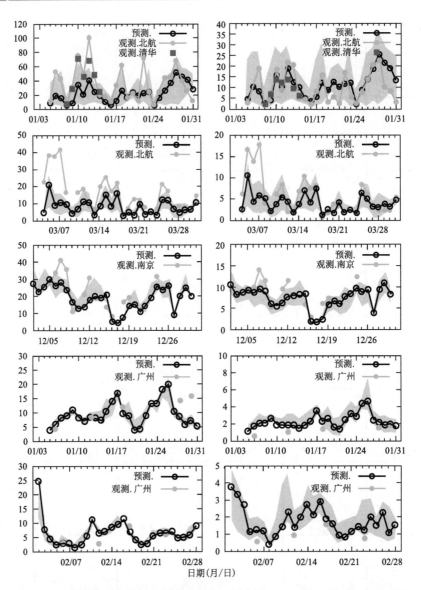

图 2.5　不同城市模拟和观测的总有机碳(OC,左列)和元素碳(EC,右列)的浓度

(北航:北京航空航天大学校园;清华:清华大学校园;南京:江苏省环境科学研究院;广州:天湖(乡村站点)。

阴影区域表示以观测站点为中心的 9 个网格中的预测值范围。单位:$\mu g \cdot m^{-3}$)

于在高污染日来自人为源 SOA 的低估。

　　2013 年 3 月北京的 OC 和 EC 浓度的逐日变化也被很好地捕获(MFB= -0.59 和 -0.17,MFE=0.61 和 0.42)。由于来自市区的 OC 一次排放大大减少,OC 浓度的空间变化远小于 1 月份。除了 3 月的第一周 OC 和 EC 浓度都被大量低估,其他时间 OC 比 EC 低估更严重,这表明缺少露天燃烧等一次排放。2013 年 12 月南京的 OC 和 EC 浓度的预测良好,略微低估(MFB= -0.24 和 -0.24,MFE=0.39 和 0.31)。逐日变化也被很好地捕获,预测的 OC 和 EC 浓度达到 30 $\mu g \cdot m^{-3}$ 和 10 $\mu g \cdot m^{-3}$,空间变化较小。OC 的低估部分是由于一次排放的低估,因为 EC 和 OC 浓度均被低估。模拟的 2013 年 1 月和 2 月广州 OC 和 EC 与已有的观测结果基本一致(MFB＝－0.05 和 0.48,MFE＝0.33 和 0.48),然而由于每 6 天进行一次观测,很难判断模型是否正确地捕获了 OC 和 EC 的逐日变化。

总之,三个主要城市冬季和春季的可用 OC 和 EC 观测表明,EC 的排放量以及可能的一次有机碳(particulate organic carbon,POC)的排放量都得到了很好的估算。POC 为前体物氧化生成的半挥发性有机物(SVOCs)的气粒分配提供了介质,因此准确模拟 POC 是正确模拟 SOA 浓度所必需的。结果还表明,SOA 可能被低估,特别是在北京冬季的高污染日。有研究指出中等挥发性有机物(IVOCs)可能是导致 SOA 低估的原因(Zhang Y et al.,2016),另外,忽略其他 SOA 前体物如多环芳烃(PAHs)也可能导致 OC 低估(Zhang et al.,2012)。因此,需要更多的外场观测和更详细的模型研究来缩小预测和观测的 SOA 浓度之间的差距。

要对 $PM_{2.5}$ 浓度的来源贡献评估结果有足够的信心,对溯源式 CMAQ 模型在 $PM_{2.5}$ 的化学组分的浓度、时间和空间变化方面的模拟性能进行评估也很重要。中国的环境监测研究已经证明了 SNA 占总 $PM_{2.5}$ 质量浓度的很大一部分(Quan et al.,2014;Zhang J K et al.,2014),尤其在重雾霾污染时期所占比例更高(Huang et al.,2014)。为验证二次无机颗粒物的模拟结果,本章选择了 2013 年全年的时间跨度,使用了 2013 年北京航空航天大学(BH)、北京农业大学(CAU)、北京上庄(SZ)、河北曲周(QZ)、河北禹城(YC)等站点的 $PM_{2.5}$ 化学组分的观测值,与模拟结果进行逐日对比。表 2.7 列出了监测站点和采样时间的具体信息,采用颗粒物分级采样器(中国武汉天虹公司出品的 TH-150CIIIC)并配以 90 mm 玻璃纤维滤膜采集每日的 $PM_{2.5}$ 样品(08:00 到第二天 08:00),Dionex-600 离子色谱仪测量 NH_4^+ 浓度,Dionex-2100 测量 SO_4^{2-} 和 NO_3^- 浓度,Xu 等人(2016b)对有关于采集、检测样品和实验室分析等步骤有更加详细的说明。图 2.6 展示了 2013 年 SO_4^{2-} 在 5 个观测站点模拟值与观测值的对比,SO_4^{2-} 浓度日变化较大,经常超过 40 $\mu g \cdot m^{-3}$。平均分数偏差(MFB)为负值,模拟结果普遍低于观测值,尤其是 SO_4^{2-} 的峰值被严重低估,5 个站点模拟结果较为相似,MFB 在 $-0.56 \sim$

表 2.7　SO_4^{2-}、NO_3^- 和 NH_4^+ 的观测地点和采样周期

站点编号	站点名称	地理位置	2013 年的采样周期 (月.日)
BH	北航	39.99°N,116.35°E	1.5—2.5 3.4—4.2
CAU	北京农大	40.02°N,116.28°E	3.4—4.18 7.2—7.29 9.28—12.30
SZ	北京上庄	40.11°N,116.20°E	3.13—4.21 7.2—8.2 10.14—12.30
QZ	河北曲周	36.78°N,114.94°E	4.16—5.7 10.6—12.30
YC	河北禹城	36.94°N,116.63°E	4.24～4.25 7.30—8.4 10.19—12.30

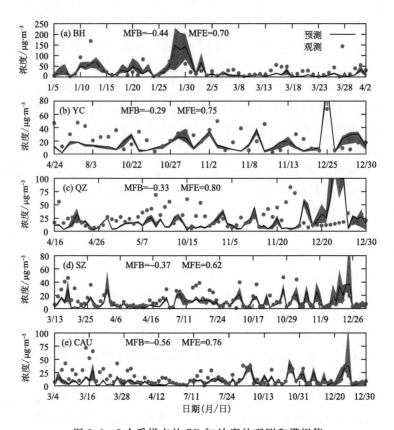

图 2.6　5 个采样点的 SO_4^{2-} 浓度的观测和模拟值

（阴影区域表示观测站点周围 3×3 网格单元内最小和最大浓度。图 2.7 和图 2.8 同此）

-0.29 范围内,模拟结果满足模型性能标准（MFB $\leqslant \pm 60\%$）；MFE 在 $0.62 \sim 0.80$,大约是基准临界值的 75%。

图 2.7 和图 2.8 分别显示出 NO_3^- 和 NH_4^+ 模拟值与观测值的时间序列图以及统计参数结果,可以看出 NO_3^- 和 NH_4^+ 日均浓度变化较大,模型在所有监测站点均能再现观测值的时间变化趋势。NO_3^- 的 MFB 范围为 $-0.47 \sim 0.19$,NH_4^+ 为 $-0.44 \sim -0.01$,比 SO_4^{2-} 的 MFB 结果更好；NO_3^- 的 MFE 为 $0.58 \sim 0.83$,NH_4^+ 为 $0.65 \sim 0.82$,和 SO_4^{2-} 的统计参数结果相似。

2.4　讨论

利用 2013 年中国 60 个城市的 422 个站点的地面观测数据来评估模型模拟的 O_3 和 $PM_{2.5}$ 浓度,模拟的浓度与观测基本吻合,模型性能的统计结果在大多数地区和月份都达到标准。然而,在特定的月份和事件中,某些区域的模型预测结果与观测有相对较大的偏差。模型的偏差主要归因于与气象场、排放、模型处理和配置相关的不确定性。未来仍然需要进一步的研究来提高模型准确模拟我国空气质量的能力。

本章中 WRF 模型的表现与其他研究相当（Hu J L et al.,2015a；Wang et al.,2010；Ying

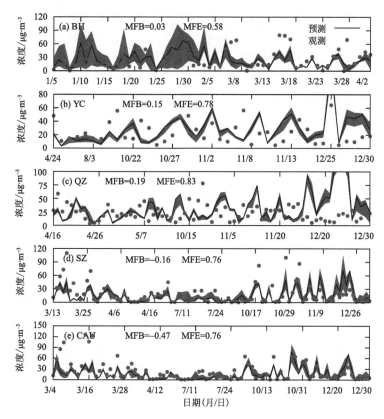

图 2.7　5 个采样点 NO_3^- 浓度观测和模拟值的对比

et al. ,2014b;Zhang et al. ,2012；Wang et al. ,2014a)，但 Zhao 等人（2013）给出了更好的 WRF 模拟结果。因此，还需要更多的中尺度气象模拟研究来改善 WRF 模型在中国地区的模拟能力。在本章中，一些气象参数是有偏差的：例如，地面风速被一致性的高估，冬季相对湿度低估（表 2.3）。之前的一项研究表明，在中国污染严重的地区，空气污染水平与这些参数有关（Wang et al. ,2014a）。另有研究表明，WRF 预测的气象参数的偏差会导致 $PM_{2.5}$ 预测的偏差（Hu J L et al. ,2015c;Zhang H et al. ,2014a;2014b）。

与排放清单相关的不确定性通常是导致模型预测偏差的主要因素。大多数地区整体良好的模型性能表明 MEIC 清单具有一定的准确性。然而，西北地区 CO、NO_2 和 SO_2 较大的负偏差（表 2.6）表明人为排放，包括一次 $PM_{2.5}$ 在这个地区被严重低估。同样，拉萨 $PM_{2.5}$ 的低估也可能是由于人为排放的低估，很可能是因为民用源。研究表明，沙尘对西北地区的 $PM_{2.5}$ 有显著的贡献（Shen et al. ,2009;Li M et al. ,2014）。西北地区来自自然土壤表面的风蚀扬尘目前在春季估计约为 $20~\mu g \cdot m^{-3}$，其他季节低于 $10~\mu g \cdot m^{-3}$。中国西北地区 $PM_{2.5}$ 的低估与最近基于卫星反演的气溶胶光学厚度（de Sherbinin et al. ,2014）的全球长期 $PM_{2.5}$ 的估算大体一致。城市和农村地区其他来源的扬尘排放，如铺砌的和未铺砌的道路和建筑活动，可能是导致西北城市矿质颗粒物组分低估的一个更重要的因素。应仔细检查用于估算这些区域排放的活动水平和排放因子数据。应使用基于受体导向技术的源解析研究来区分这些不同扬尘源的贡献，以进一步明确扬尘排放的不确定性。

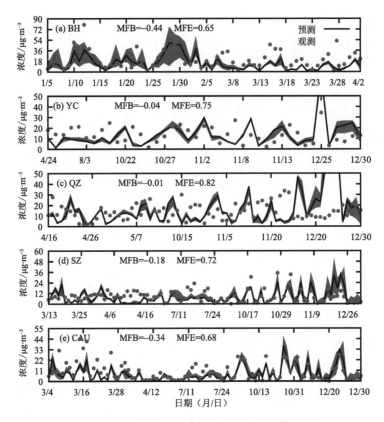

图 2.8　5 个采样点 NH_4^+ 浓度观测和模拟值的对比

$PM_{2.5}$ 低估的另一个重要来源是 SOA,特别是在夏季,较高的 VOCs 排放和较强的大气反应活性会形成更多的 SOA,$PM_{2.5}$ 预测的偏差会更大。虽然已经在模型改进方面取得了重大的进展,并且本章中使用的 SOA 模块已经结合了许多新发现的 SOA 形成途径,但是目前对导致 SOA 形成的气相和颗粒相化学的理解仍然非常有限,许多实验结果尚未被模型所囊括。为了减少 SOA 预测的不确定性,需要在物种尺度上开展 SOA 示踪物和气相 VOCs 前体物的观测,同时需要发展详细的化学机制来表示这些物种。虽然有些 VOCs 物种的数据是可用的,但需要更多不同地区和事件的数据来改善 VOCs 排放的估算(Zhang and Ying,2011a)以及 SOA 的模型预测。

模型网格分辨率也会导致预测的偏差。污染物被排放后会立即混入 36 km×36 km 的网格。一些监测站点位于靠近交通和工业设施等排放源的城市地区,与模拟浓度代表的网格单元中的平均浓度相比,可能意味着负的预测偏差。更高分辨率的模型研究被认为可以更准确地捕获污染物的浓度并揭示出更精细尺度上的空间分布(Fountoukis et al.,2013;Gan et al.,2016;Joe et al.,2014;Stroud et al.,2011)。理论上,格点稀释效应对 CO 和 SO_2 的影响大于对 O_3 和 $PM_{2.5}$ 的影响,因为 O_3 和二次 $PM_{2.5}$ 组分的生成通常是区域性的,因此具有更均匀的空间分布。

2.5　本章小结

本章中使用更新的 WRF/CMAQ 模型系统和 MEIC 人为源排放清单模拟了 2013 年全年中国的 O_3 和 $PM_{2.5}$。我国 60 个城市模拟和观测的小时 O_3 及其峰值、$PM_{2.5}$ 的日均和月均浓度的对比结果显示出当前模型可以较好地再现大多数城市和月份的 O_3 和 $PM_{2.5}$ 浓度。模型对冬季低浓度 O_3 存在高估,对夏季低浓度 $PM_{2.5}$ 存在低估。在空间上,模型在 NE、NCP、YRD 中部和 SCB 等地具有较好的模拟性能,但是在 NW 的城市地区存在明显的低估。$PM_{2.5}$ 存在强烈的季节变化并且风速和风向在高 $PM_{2.5}$ 事件中发挥重要作用。二次组分比一次组分具有更均匀的空间分布。在大多数城市地区的高 $PM_{2.5}$ 事件中,二次颗粒物组分的贡献有所增加,这表明二次颗粒物的生成速率高于一次污染物的累积速率。总的来说,SO_4^{2-}、NO_3^-、NH_4^+ 和一次有机气溶胶是最重要的 $PM_{2.5}$ 化学组分。在冬季,除二次有机气溶胶外,其余所有组分浓度均最高。相对于 YRD 和 PRD 来说 NCP、CEN 和 SCB 具有更高的 $PM_{2.5}$ 浓度。

本章结合大量的观测数据,详细评估了模型在中国地区模拟 O_3 和 $PM_{2.5}$ 的性能。尽管 O_3 和 $PM_{2.5}$ 还存在一定的偏差,还需要做很多工作来进一步改善模型性能,但总本上,使用 MEIC 排放清单和改进的溯源式 CMAQ 模型可以较好地重现我国 $PM_{2.5}$、O_3 及一些关键前体物和组分的浓度,偏差基本符合模型性能要求指标,可以用于对大气污染事件的形成机制、来源贡献的定量解析以及控制策略的效果评估等后续研究。

第3章

溯源式空气质量模型对我国一次 PM$_{2.5}$的来源解析

PM$_{2.5}$包括直接排放进入大气的一次颗粒物(primary particulate matter,PPM)和经大气化学反应和物理过程形成的二次颗粒物。一次和二次 PM$_{2.5}$是通过不同途径形成的,具有不同的化学组分和区域传输特性,有必要针对不同的颗粒物组分分别进行源解析工作。在本章中建立了一个应用于一次颗粒物的溯源式 CMAQ 空气质量模型,以量化不同行业和区域对一次颗粒物及其主要成分 EC 和 POC 的贡献。选取了中国 2012—2013 年四个月进行研究,以比较不同地区 PPM 的区域贡献和不同来源贡献的季节变化。

3.1 模型介绍

3.1.1 模型描述

本章基于 CMAQv5.0.1(SAPRC-07 光化学机制和 Aero6 气溶胶模块)建立了一个可以解析 PPM 的行业和区域贡献的溯源式 CMAQ 模型(CMAQ-PPM)。在 CMAQ-PPM 模型中,我们使用非活性颗粒示踪物,表征 PPM 的行业和区域信息,模型只需模拟一次,即可获得来自不同行业来源和区域的 PPM 浓度及其化学组分的区域分布。例如,示踪物 ATCR1_2J 用于表示行业 1 和区域 2 的积聚模态颗粒物 PPM。由于示踪物是非活性的,因此不需要改变气相化学和气溶胶化学机理。用于标记的示踪物与其他颗粒物组分(如 AERO6 中的微量金属)同样经历传输、扩散、凝而和沉降过程。在 CMAQ-PPM 模型中,可以同时追踪来自 8 个区域和 9 个行业的排放。在每个网格单元中,示踪物的排放速率被设置为 PPM 排放速率的很小一部分(1×10^{-5}),以确保它们不会显著改变颗粒物质量和尺寸的分布,从而影响其他物理和化学过程。假如一个网格单元位于区域 2 中,并且该网格单元中行业 1 的 PPM 排放速率为 $1\ \mathrm{g\cdot s^{-1}}$,则非活性颗粒物示踪物 ATCR1_2J 的排放速率将设置为 $1\times10^{-5}\ \mathrm{g\cdot s^{-1}}$。给定网格单元中的模拟示踪物浓度放大 1×10^{5} 倍后,就可以得到该网格单元中特定行业或区域的一次 PM$_{2.5}$总质量浓度。一次 PM$_{2.5}$中具体化学组分(如 EC、POC 等)的浓度可以根据特定源的排放成分谱来确定,公式为:

$$C_{i,j} = A_{i,j} T_i \tag{3.1}$$

式中,$C_{i,j}$为第 i 个粒子排放源类别中第 j 个化学组分的浓度;A 为源谱;$A_{i,j}$为从第 i 个排放源排放的颗粒物每单位质量中第 j 个化学组分的质量;T_i为基于第 i 个源的特定示踪物浓度的模型模拟颗粒物的质量浓度。原始 CMAQ 模型和 CMAQ-PPM 模型模拟的 POC 和 EC 之间的最大差异小于 10%，证实了模型结果不会受此技术的显著影响。虽然模型中添加了 72 个示踪物（9 个区域和 8 个行业），但运行时间只比原版 CMAQ 模型增加不超过 10%。

本章中使用的 CMAQ-PPM 包括了对气相和液相化学以及气粒分配过程的完整描述。这对于颗粒物浓度比较高的地区和二次颗粒物占比高的区域是必要的，因为忽略二次颗粒物的影响会导致模拟的一次颗粒物粒径和质量浓度发生显著偏差。

3.1.2　模型应用

采用 CMAQ-PPM 模型，使用 36 km 水平分辨率研究了中国行业来源和区域来源对 PPM 浓度的贡献。模拟区域的设置与第二章相同。模拟时段选定 2012 年的 8 月和 10 月以及 2013 年的 1 月和 3 月，分别代表夏季、秋季、冬季和春季。气象输入由天气研究和预报模型（WRF）3.6 版本生成，其初始条件和边界条件来自美国环境预报中心（NCEP）逐小时再分析资料（FNL）全球对流层分析模型数据集，详细的 WRF 模型配置可参考第 2 章。

中国人为源排放清单由清华大学开发的多尺度排放清单模型 MEIC 提供（http://www.meicmodel.org）。其他国家和地区的人为排放源由 0.25°×0.25° 网格分辨率的亚洲第 2 版区域排放清单（REAS2）提供（Kurokawa et al.，2013）。

生物源排放来自于自然气体和气溶胶排放模型（MEGANv2.1）。露天燃烧排放由基于卫星观测的美国大气研究中心（NCAR）火灾清单（FINN）（Wiedinmyer et al.，2011）。沙尘和海盐排放由 CMAQ 模型模拟过程在线计算产生。排放的具体处理在第二章里有描述，此处不再赘述。

本章将 PPM 排放分为 8 个区域：(1)北京，(2)河北，(3)东北，(4)西北，(5)中部，(6)东南，(7)西南，(8)上海，并且分别进行追踪。此外，每个区域内的排放设定为 4 类人为源行业：(1)民用，(2)交通，(3)电力，(4)工业。露天燃烧为第 5 个排放源。由于土壤侵蚀而产生的扬尘源排放为第 6 个排放源。表 3.1 显示了本章中追踪源排放的 EC 和 OC 在 PPM 中所占比例。在接下来的分析中，它们被用来确定 EC 和 OC 的行业来源和区域来源贡献。

表 3.1　本研究中追踪的行业的 PPM 排放中 EC 和 OC 的比例

来源类别	EC 比例/%	OC 比例/%	数据源
民用	0.201	0.563	MEIC 模拟域平均
交通	0.559	0.202	MEIC 模拟域平均
电厂	0.002	0.001	MEIC 模拟域平均
工业	0.104	0.103	MEIC 模拟域平均
露天燃烧	0.095	0.556	SPECIATE4.3(92090)

3.2　不同方法解析结果对比

图 3.1 显示了北京、上海、广州、西安、重庆 PPM 模拟和观测的时间序列以及基于行业的源解析结果。其中 PPM 观测浓度是用 PM$_{2.5}$ 浓度减去硫酸盐、硝酸盐、铵盐和二次有机物计算得出。值得注意的是，燃煤发电厂会产生一部分一次硫酸盐。但这部分电厂排放的一次硫

酸盐仅仅只占总硫酸盐的很小一部分，不超过 5%（Zhang et al.，2012），所以对 PPM 浓度的影响很小。有 83% 的数据点落在1：2和2：1线内。在春夏秋冬四季整体的 MFB 分别为 -0.39、0.01、-0.07 和 -0.09。除了春季有少量的数据点外，其他超过 20 $\mu g \cdot m^{-3}$ 的 PPM 的模拟和观测之间存在良好的一致性；而当 PPM 观测浓度低时，模拟会出现高估。

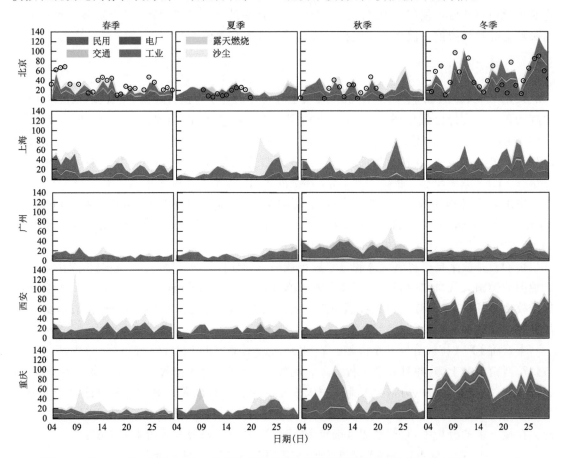

图 3.1 北京、上海、广州、西安和重庆四个季节不同行业 PPM 源贡献的日变化（单位：$\mu g \cdot m^{-3}$）

图 3.2 显示了 2013 年 1 月北京、上海和广州三个站点燃烧源 EC 的相对贡献，使用的研究方法是双碳同位素约束（$\Delta^{14}C$ 和 $\Delta^{13}C$）的源解析技术（Andersson et al.，2015）和本章中的溯源式 CMAQ-PPM 模型技术。受碳同位素约束的行业分别为生物质燃烧、液化石油气燃烧和煤炭燃烧。为了从 CMAQ 模型中得到相同的来源，根据 Wang 等人（2012a）提供的能源消耗数据把本章中的行业如电力、工业、民用、交通和露天燃烧进一步细分为三类，详见表 3.2。图 3.2 表明这两种方法在三个地点的来源贡献是一致的，特别是考虑到碳同位素方法的 95% 置信区间时。三个不同地点的两种源解析研究结果的一致性进一步证明了在其他地点和季节中使用本章的源解析结果的合理性。

通过与强中法（brute force methed，BFM）模拟结果的比较，对 CMAQ-PPM 结果进一步进行了检验。进行了 4 个 BFM 模拟：（1）去除所有民用源排放；（2）去除所有工业源排放；（3）去除北京的民用源排放；（4）去除河北的所有交通源排放。基本情景和基础情景之间的差异被视为 BFM 确定的源贡献，并与 CMAQ-PPM 结果进行比较。图 3.3 显示了 2012 年 10 月由

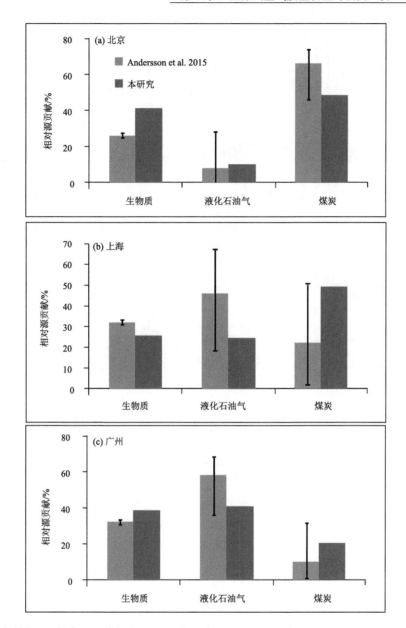

图 3.2　本研究 EC 的来源贡献与在北京、上海和广州的另一项研究（Andersson et al. ，2015）的比较

表 3.2　不同行业对燃料类别的比例

来源	北京			上海			广州		
	生物质	液化石油气	煤炭	生物质	液化石油气	煤炭	生物质	液化石油气	煤炭
居民源	0.532	0.002	0.466	0.491	0.006	0.503	0.869	0.019	0.112
交通源	0.000	1.000	0.000	0.000	1.000	0.000	0.000	1.000	0.000
电厂源	0.000	0.000	1.000	0.000	0.001	0.999	0.000	0.007	0.993
工业源	0.000	0.071	0.929	0.000	0.197	0.803	0.000	0.479	0.521

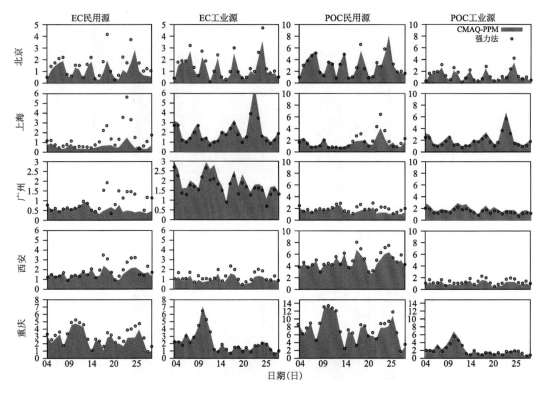

图 3.3　2012 年 10 月在北京、上海、广州、西安和重庆通过 CMAQ-PPM 和
BFM 模拟的民用源和工业源对 EC 和 POC 的贡献的比较（单位：$\mu g \cdot m^{-3}$）

CMAQ-PPM 和 BFM 模拟的 5 个城市民用源和工业源对 EC 和 POC 的贡献对比，图 3.4 比较了北京民用源排放和河北交通源排放对北京 EC 和 POC 浓度的贡献。总的来说，这两种方法得到的结果类似，但仍存在一定的差异性，尤其是上海和广州两个城市民用源对 EC 的贡献。这些差异可能是以下原因造成的：(1)CMAQ-PPM 中用于确定组分浓度的模拟域平均的源配置文件；(2)在 BFM 模拟中，由于改变颗粒物粒径的 PPM 排放减少，PPM 及其化学组分的模拟去除率存在差异。

3.3　PPM 的源解析

图 3.5 显示了北京、上海、广州、西安和重庆五大城市中各源对 EC 贡献的季节变化。这五个特大城市人口密度高，占中国总人口的 15% 以上，可作为中国不同地区不同污染形式的典型代表(Hu J L et al.，2015b)。所有五个城市的 EC 浓度都呈现相似的季节变化规律，夏季最低浓度为 2～3 $\mu g \cdot m^{-3}$，冬季浓度最高。除广州外，所有城市冬季浓度约为夏季的 3—4 倍。北京、西安、重庆有相似的 EC 来源分布，且民用源几乎在所有季节都是最主要的 EC 来源，尤其是在温度较低的冬春季。工业源的贡献在夏季和秋季更加显著。民用源同样是上海和广州冬季 EC 的主要来源，但在其他三个季节工业源的贡献更大。交通源是 EC 的第三大来源，在广州的贡献率为 20%～40%。在所有城市中电力源对 EC 的贡献微不足道。露天燃烧源在重庆夏季和广州秋季可能成为 EC 的重要来源。

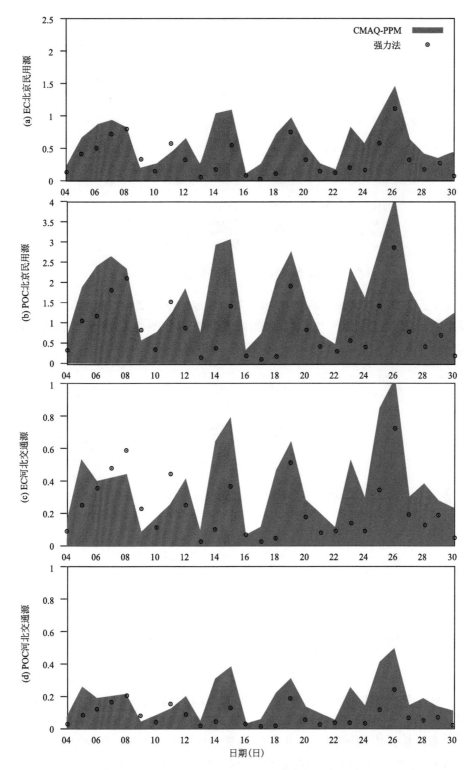

图 3.4　2012 年 10 月通过 CMAQ-PPM 和 BFM 模拟的北京民用源和河北交通源
对北京 EC 和 POC 浓度的贡献比较(单位:$\mu g \cdot m^{-3}$)

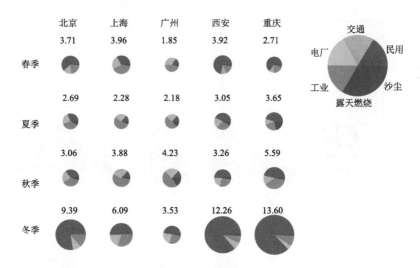

图 3.5 EC 源贡献的季节性变化（单位：$\mu g \cdot m^{-3}$）

图 3.6 显示了五个特大城市的 POC 来源及其贡献的季节变化。民用源是所有城市 POC 的最主要来源，其次是工业源。与 EC 来源贡献不同的是，交通源对 POC 贡献较小，而露天燃烧源可能是广州夏秋季和重庆夏季 POC 的重要来源，占总 POC 浓度的 30% 以上。

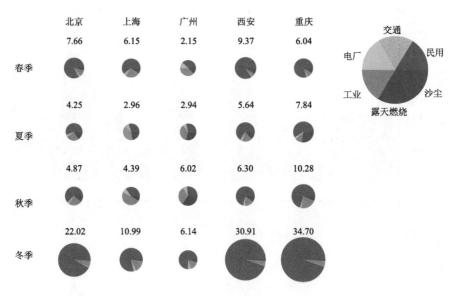

图 3.6 POC 源贡献的季节性变化（单位：$\mu g \cdot m^{-3}$）

图 3.7 显示了五个特大城市中总 PPM 的来源及其贡献的季节变化。在所有城市中，民用、工业和扬尘是三个主要的污染来源，在大多数季节它们的总贡献率达到 90% 及以上。北京、西安、重庆冬季 PPM 来源以民用源为主，夏季以工业源为主。春季和秋季，西安市扬尘源占 PPM 的近一半，北京和重庆市春季和秋季扬尘源占 PPM 的 1/4 至 1/3。工业源是上海和广州 PPM 的主要来源，特别是秋季，工业源对 PPM 浓度的贡献超过 60%。

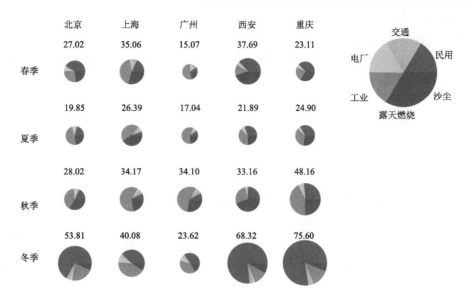

图 3.7　PPM 源贡献的季节性变化（单位：$\mu g \cdot m^{-3}$）

3.4　北京 PPM 的区域-行业源解析

　　区域传输带来不同地区的排放，并与本地源混合。此前的一项研究表明，区域内和区域间传输可能在中国的高浓度二次颗粒物空气污染事件中发挥重要作用（Ying et al.，2014b）。图 3.8 表明，北京 PPM、EC 和 POC 的主要来源是本地排放，尤其在冬季更为明显。围绕北京的河北省，可能是其他三个季节的主要外围传输贡献。其他地区的贡献很小。图 3.9 显示了上海的结果。除了来自中国中部（从北方和西方到上海）的传输排放显著的高峰期外，在四个季

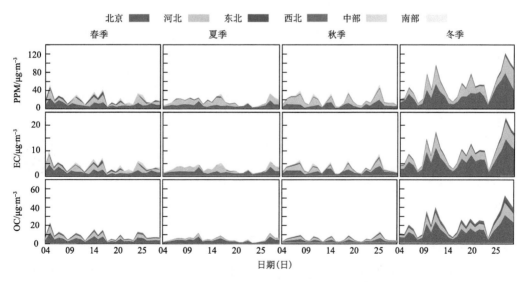

图 3.8　北京 PPM、EC 和 POC 区域贡献的季节变化（单位：$\mu g \cdot m^{-3}$）

（南部包括上海、东南和西南）

节中本地源是 PPM、EC 和 OC 的最大贡献者。东南部在春季和夏季也对一些峰值有所贡献。北部地区和北京河北的组合也在冬季的一些峰值时段各贡献了 10% 左右。图 3.10 显示了广州所在的东南部的 PPM、EC 和 OC 的贡献。本地污染源（东南部）的贡献最高，但在高污染事件中，中部地区的传输变得重要。

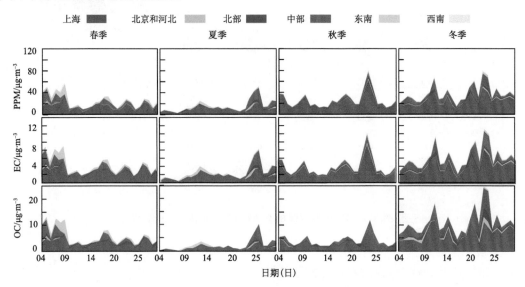

图 3.9　上海 PPM、EC 和 POC 区域贡献的季节变化（单位：$\mu g \cdot m^{-3}$）
（北部包括东北和西北）

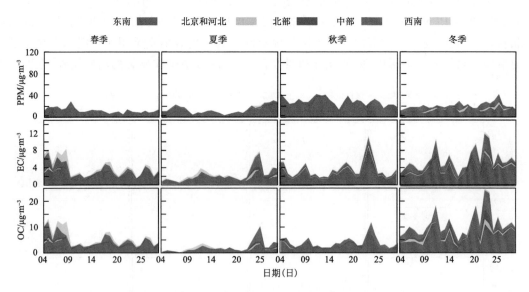

图 3.10　广州所在东南部 PPM、EC 和 POC 区域贡献的季节变化（单位：$\mu g \cdot m^{-3}$）
（北部包括东北和西北，中部包括上海）

　　特定区域的行业源解析有助于制定区域空气污染控制战略。选择北京来研究不同地区污染源对 PPM 的贡献。图 3.11 为北京四个季节日均 PPM 模拟值的时间序列贡献图。模拟了总共 40 个区域-行业（8 个区域，每个区域中有 5 个行业）。为更清楚的显示研究结果，图 3.11

给出了贡献最大的 8 个区域-行业。除这 8 个外的剩余 32 个区域-行业都被归为"其他"。"其他"源大部分是由扬尘源造成的,特别是在春季和秋季。在春季,北京本地民用源、北京本地交通源和来自河北(含天津)的民用源以及工业源贡献较大。在高污染日,它们可以贡献超过 40 μg·m^{-3} 的 PPM,占北京总 PPM 的 80%。在夏季,北京本地工业源是最大的 PPM 来源,在高污染日对 PPM 的贡献超过 15 μg·m^{-3}。北京本地民用源对 PPM 的贡献为 2~3 μg·m^{-3}。来自河北的交通源和民用源在夏季重要,对北京 PPM 的贡献分别可以达到 5 μg·m^{-3} 和 3 μg·m^{-3}。与夏季相似,秋季北京贡献主要的 PPM 区域-行业是北京本地工业源、河北交通源、北京本地民用

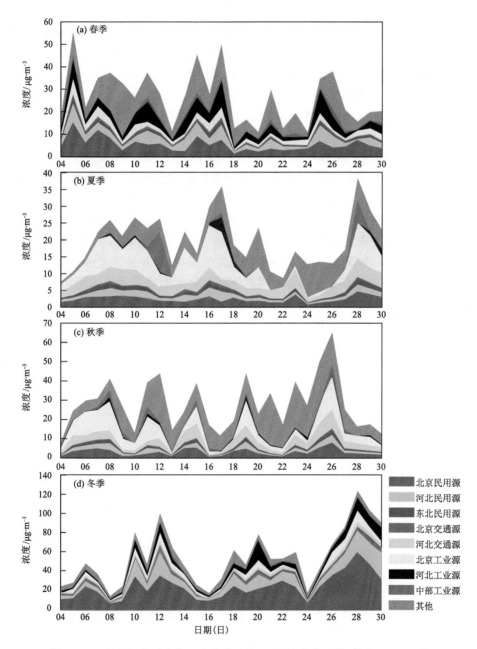

图 3.11　区域-行业对北京四个季节日均 PPM 浓度的贡献(单位:μg·m^{-3})

源和河北民用源,占总 PPM 浓度的 60% 以上。冬季,北京本地民用源、河北民用源、北京本地工业源和河北工业源是 PPM 的前 4 个贡献来源。在极端污染条件下,这 4 个来源贡献了大于 $100\ \mu\mathrm{g} \cdot \mathrm{m}^{-3}$ 的 PPM,占总 PPM 浓度的 90% 以上。

3.5 本章小结

本章改进了针对 PPM(CMAQ-PPM)的溯源式 CMAQ 模型。CMAQ-PPM 应用非活性示踪物方法对区域和行业进行标记,并保留了原模型中对气相、液相化学以及气粒分配的完整描述。这对于中国地区的研究较为重要,因为忽略颗粒物中的高浓度二次颗粒物可能会导致模拟的 PPM 粒径和质量产生偏差。应用该模型分析了我国 PPM 的行业来源和区域贡献以及相关的空间和季节变化。在北京、上海和广州,模型模拟值和 EC、OC 和 PPM 的估计值以及冬季 EC 源解析结果的观测值展现了很好的一致性。

EC、POC 和 PPM 的浓度和来源贡献方面存在显著的时空变化。在春冬季,民用源是 EC(50%~80%)、POC(60%~90%)和 PPM(30%~70%)的主要贡献来源。在夏秋季,工业源占比更大,对 EC 和 OC 的贡献率为 30%~50%,对 PPM 的贡献率为 40%~60%。交通源对 EC 的贡献为 20%~30%,露天燃烧源仅对广州的夏秋季和重庆的夏季贡献较高。春秋季,北部和西部城市的沙尘源很重要,其对北京、西安和重庆的 PPM 贡献率为 33%~50%。本章节进一步确定了行业-区域组合对北京 PPM 的贡献。本地民用、交通源和来自河北的民用、工业源是春季北京 PPM 的主要贡献者。在夏秋季,本地工业源贡献最大,其次是本地民用源和来自河北的交通、民用源。冬季,北京地区和来自河北的民用、工业排放量占 PPM 的 90% 以上。

CMAQ-PPM 模型能够基于其他方法再现了颗粒物观测浓度和源解析结果,证实了源导向空气质量模型能够提供相关源解析信息,从而制定相关政策的可行性。尽管目前的研究表明,使用基于 36 km 分辨率的 MEIC 排放清单的溯源式 CMAQ 模型能够提供一次颗粒物的行业和区域贡献,但由于气象模型输入、排放清单及模型分辨率带来的误差,模型模拟的结果还存在不确定性,尤其是在污染事件中。为了一次颗粒物源解析结果更加准确,因而需要更高空间分辨率的解析模拟。

第 4 章

溯源式空气质量模型对我国二次无机 PM$_{2.5}$来源解析

二次颗粒物是通过化学反应和气固相转化形成。研究表明二次无机气溶胶[SNA,包括硫酸盐(SO_4^{2-})、硝酸盐(NO_3^-)和铵盐(NH_4^+)]占我国总 PM$_{2.5}$质量浓度很大一部分,其占比可以达到 30%~40%(Cao et al.,2012a;Yang et al.,2011),在一些重污染事件中甚至可以超过50%(Zheng et al.,2015b)。考虑到 SNA 在总 PM$_{2.5}$中有较大的比重,那么确定不同来源对SNA 浓度的贡献就显得十分重要。目前最广泛使用的颗粒物来源解析受体模型方法,由于较难考虑到大气化学转化的非线性过程,多将 SNA 和二次有机气溶胶(SOA)视为单独的"来源类别"进行处理。因此在分析二次气溶胶的具体来源贡献方面存在一定不足。

本章将重点介绍应用于二次无机 PM$_{2.5}$来源解析的溯源式 CMAQ 空气质量模型(CMAQ-SNA),并应用该模型对 2013 年全年不同来源行业对 PM$_{2.5}$二次无机颗粒物的贡献进行了量化,分析了我国各省份 PM$_{2.5}$的主要来源。

4.1　模型介绍

本章使用的溯源式空气质量模型是基于 CMAQ 模型(v5.0.1)(http://www.cmas-center.org/cmaq/)(Byun and Ching,1999)。为提高本模型对 SNA 的模拟能力,对常规版CMAQv5.0.1模型增加了 SO_4^{2-} 和 NO_3^- 气溶胶的非均相反应(Ying et al.,2014a)。细节信息详见第 2 章,本章节不再赘述。

溯源式 CMAQ 模型通过气相化学、气溶胶化学和气-粒转化等过程分别追踪来自不同来源的 SO_2、NO_x 和 NH_3,以确定其对硫酸盐、硝酸盐和铵盐的贡献(Zhang et al.,2012)。研究中扩展了 SAPRC11 的光化学机理和气溶胶模块,以使 SO_2、NO_x 和 NH_3 及其化学反应形成的 SNA 具有来源标识。例如,原 CMAQ 模型中 NO_2 与羟基自由基(OH)的气相反应会生成硝酸盐:

$$NO_2 + OH \rightarrow HNO_3(g) \leftrightarrow NO_3^- \qquad (4.1)$$

式中,$HNO_3(g)$和 NO_3^- 分别代表气态硝酸和颗粒态硝酸。在溯源式模型中,如果 NO_2 有两个源 X1 和 X2,则 NO_2 分成两类:NO_2_X1 和 NO_2_X2。因此公式(4.1)可以改写为:

$$NO_2\_X1 + OH \rightarrow HNO_3\_X1 \leftrightarrow NO_3^-\_X1 \qquad (4.2)$$

$$NO_2\_X2 + OH \rightarrow HNO_3\_X2 \leftrightarrow NO_3^-\_X2 \qquad (4.3)$$

因此,NO_2_X1 和 NO_2_X2 就代表了源 X1 和源 X2 排放的 NO_2 对硝酸盐形成的贡献。本章对所有参与形成 SNA 的反应都进行了相似的处理。

将 SO_2、NO_x 和 NH_3 的排放分为八个来源类别:电厂、民用、工业、交通、露天燃烧、海盐、扬尘和农业,以追踪每个来源对中国 $PM_{2.5}$ 浓度的贡献。利用溯源式 CMAQ 模型模拟了 2013 全年的空气质量,模拟区域包括整个中国大陆,水平分辨率为 $36\text{ km}\times 36\text{ km}$。更多关于模拟区域、排放生成、气象输入、初始边界条件等参见第二章里的描述。值得注意的是,本章中 SOA 被视为一个单独的"源类",对 SOA 的来源解析将在第 5 章里介绍。

4.2 $PM_{2.5}$ 的季节和区域来源解析

图 4.1 显示了选自五个不同地区的具有代表性城市(北京(华北平原)、上海(长江三角洲)、广州(珠江三角洲)、西安(汾渭平原)和重庆(四川盆地))SNA 的季节来源贡献。图 4.2 和图 4.3 分别展示了四个季节 SO_4^{2-} 和 NO_3^- 的来源解析结果,由于 NH_4^+ 在目前的排放清单中只来自农业源,所以没有显示 NH_4^+ 的源解析结果。五个城市的 SNA 浓度有相似的季节分布:夏季浓度是最低值,冬季浓度是最高值。北京,西安和重庆 SNA 来源贡献极其相似:所有季节主要来源是工业排放,其中夏季和秋季的来源贡献最高。2013 年所有城市 SNA 的来源贡献中,工业排放的贡献最大,其次是农业和电力,两者分别贡献了约 25% 和 20%,而且四个季节的贡献变化较小。民用源排放也是 SNA 的重要来源,特别是在冬季(Liu et al.,2016b)。已经有研究证明华北平原地区民用排放的重要性,表明其他区域改善空气质量的过程中需要充分考虑民用源排放。

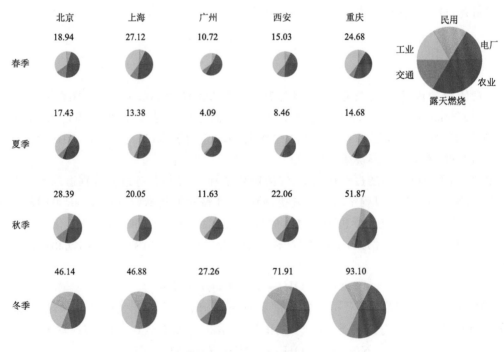

图 4.1　5 个城市不同季节 SNA 的来源贡献(单位:$\mu g \cdot m^{-3}$)

(数字为 SNA 年均浓度)

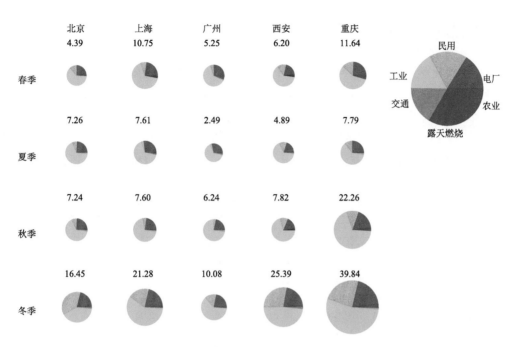

图 4.2　5 个城市不同季节 SO₄²⁻ 来源贡献（单位：μg·m⁻³）

（数字为年均浓度）

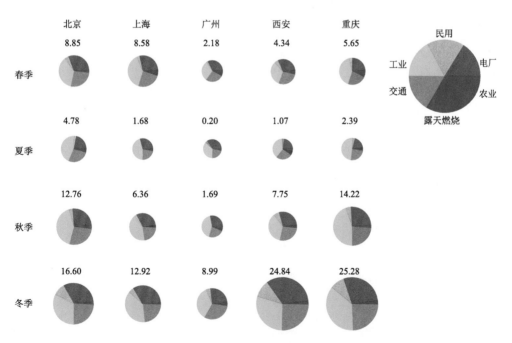

图 4.3　5 个城市不同季节 NO₃⁻ 来源贡献（单位：μg·m⁻³）

（数字为年均浓度）

4.3 各省(区、市)SNA 来源解析

PM$_{2.5}$主要化学组分 SO$_4^{2-}$、NO$_3^-$ 和 NH$_4^+$ 的来源解析结果分别显示于表 4.1—表 4.3。除西藏以外,工业排放对 SO$_4^{2-}$ 的贡献约为 60%,对 NO$_3^-$ 的贡献约为 30%,是所有省份的最大排放来源。农业排放是 NH$_4^+$ 的主要来源。电力源是 SO$_4^{2-}$ 和 NO$_3^-$ 的重要来源贡献,分别达20% 和 30%。交通也是 NO$_3^-$ 的重要来源,来源贡献约为 30%,但其对 SO$_4^{2-}$ 的贡献可忽略不计。除西藏以外的所有省份,露天燃烧对于 SO$_4^{2-}$、NO$_3^-$ 和 NH$_4^+$ 贡献都很小,西藏地区农业及露天排放贡献了几乎全部的 NH$_4^+$ 来源。

表 4.1 2013 年各省(区、市)对 SO$_4^{2-}$ 年均来源贡献

省份	电厂	居民源	工业	交通	露天燃烧	SOA	海盐	扬尘	农业
北京	0.24	0.10	0.64	0.01	0.00	—	—	—	—
天津	0.23	0.09	0.66	0.01	0.00	—	—	—	—
上海	0.25	0.09	0.65	0.01	0.01	—	—	—	—
重庆	0.20	0.16	0.63	0.01	0.01	—	—	—	—
北京	0.24	0.11	0.64	0.01	0.00	—	—	—	—
山西	0.24	0.11	0.64	0.01	0.00	—	—	—	—
内蒙古	0.27	0.14	0.58	0.01	0.00	—	—	—	—
辽宁	0.22	0.10	0.66	0.01	0.00	—	—	—	—
吉林	0.22	0.13	0.64	0.01	0.00	—	—	—	—
黑龙江	0.22	0.14	0.62	0.01	0.00	—	—	—	—
江苏	0.23	0.09	0.66	0.01	0.01	—	—	—	—
浙江	0.24	0.09	0.65	0.01	0.01	—	—	—	—
安徽	0.22	0.10	0.66	0.01	0.01	—	—	—	—
福建	0.23	0.09	0.66	0.01	0.01	—	—	—	—
江西	0.22	0.10	0.66	0.01	0.01	—	—	—	—
山东	0.22	0.10	0.67	0.01	0.00	—	—	—	—
河南	0.21	0.12	0.65	0.01	0.01	—	—	—	—
湖南	0.20	0.12	0.66	0.01	0.01	—	—	—	—
湖北	0.19	0.13	0.66	0.01	0.01	—	—	—	—
广东	0.23	0.09	0.65	0.01	0.02	—	—	—	—
广西	0.21	0.11	0.64	0.01	0.03	—	—	—	—
海南	0.22	0.08	0.65	0.01	0.04	—	—	—	—
四川	0.21	0.15	0.63	0.01	0.01	—	—	—	—
云南	0.22	0.14	0.57	0.01	0.06	—	—	—	—
西藏	0.20	0.07	0.46	0.02	0.26	—	—	—	—
陕西	0.22	0.14	0.63	0.01	0.00	—	—	—	—
甘肃	0.24	0.13	0.62	0.01	0.00	—	—	—	—
青海	0.30	0.10	0.58	0.01	0.01	—	—	—	—
宁夏	0.25	0.12	0.62	0.01	0.00	—	—	—	—
贵州	0.24	0.16	0.58	0.01	0.01	—	—	—	—
新疆	0.31	0.09	0.59	0.01	0.00	—	—	—	—
台湾	0.23	0.12	0.60	0.01	0.04	—	—	—	—

注:香港、澳门特别行政区数据包含在广东省。本章表同。

表 4.2　2013 年各省(区、市)对 NO$_3^-$ 年均来源贡献

省份	电厂	居民源	工业	交通	露天燃烧	SOA	海盐	扬尘	农业
北京	0.28	0.04	0.39	0.27	0.01	—	—	—	—
天津	0.29	0.04	0.39	0.26	0.01	—	—	—	—
上海	0.33	0.03	0.39	0.24	0.01	—	—	—	—
重庆	0.28	0.07	0.38	0.25	0.01	—	—	—	—
北京	0.31	0.04	0.38	0.25	0.01	—	—	—	—
山西	0.38	0.05	0.34	0.22	0.01	—	—	—	—
内蒙古	0.4	0.07	0.31	0.2	0.02	—	—	—	—
辽宁	0.31	0.05	0.4	0.23	0.01	—	—	—	—
吉林	0.31	0.07	0.4	0.21	0.01	—	—	—	—
黑龙江	0.28	0.09	0.4	0.22	0.02	—	—	—	—
江苏	0.31	0.04	0.38	0.25	0.01	—	—	—	—
浙江	0.3	0.03	0.39	0.25	0.03	—	—	—	—
安徽	0.3	0.05	0.37	0.26	0.01	—	—	—	—
福建	0.29	0.03	0.38	0.25	0.05	—	—	—	—
江西	0.28	0.04	0.36	0.26	0.05	—	—	—	—
山东	0.3	0.05	0.38	0.26	0.01	—	—	—	—
河南	0.3	0.06	0.36	0.27	0.01	—	—	—	—
湖南	0.28	0.06	0.38	0.25	0.03	—	—	—	—
湖北	0.29	0.06	0.38	0.26	0.02	—	—	—	—
广东	0.29	0.04	0.36	0.27	0.04	—	—	—	—
广西	0.28	0.05	0.38	0.25	0.04	—	—	—	—
海南	0.29	0.04	0.36	0.28	0.03	—	—	—	—
四川	0.25	0.08	0.39	0.26	0.02	—	—	—	—
云南	0.27	0.06	0.3	0.19	0.18	—	—	—	—
西藏	0.03	0.01	0.05	0.2	0.72	—	—	—	—
陕西	0.35	0.07	0.33	0.24	0.01	—	—	—	—
甘肃	0.36	0.07	0.32	0.24	0.01	—	—	—	—
青海	0.36	0.06	0.31	0.26	0.01	—	—	—	—
宁夏	0.43	0.06	0.29	0.21	0.01	—	—	—	—
贵州	0.31	0.07	0.36	0.24	0.02	—	—	—	—
新疆	0.37	0.03	0.36	0.23	0.01	—	—	—	—
台湾	0.31	0.04	0.36	0.22	0.07	—	—	—	—

表 4.3　2013 年各省(区、市)对 NH_4^+ 年均来源贡献

省份	电厂	居民源	工业	交通	露天燃烧	SOA	海盐	扬尘	农业
北京	0.00	0.07	0.03	0.01	0.02	—	—	—	0.87
天津	0.00	0.07	0.03	0.01	0.02	—	—	—	0.88
上海	0.00	0.07	0.04	0.01	0.02	—	—	—	0.86
重庆	0.00	0.07	0.04	0.00	0.01	—	—	—	0.88
北京	0.00	0.05	0.03	0.00	0.01	—	—	—	0.89
山西	0.00	0.05	0.08	0.00	0.02	—	—	—	0.85
内蒙古	0.00	0.03	0.04	0.00	0.02	—	—	—	0.91
辽宁	0.00	0.06	0.03	0.00	0.01	—	—	—	0.89
吉林	0.00	0.06	0.02	0.00	0.01	—	—	—	0.9
黑龙江	0.00	0.07	0.02	0.00	0.02	—	—	—	0.89
江苏	0.00	0.06	0.04	0.00	0.01	—	—	—	0.89
浙江	0.00	0.05	0.03	0.01	0.03	—	—	—	0.88
安徽	0.00	0.07	0.04	0.00	0.02	—	—	—	0.86
福建	0.00	0.04	0.03	0.01	0.04	—	—	—	0.89
江西	0.00	0.06	0.03	0.00	0.05	—	—	—	0.86
山东	0.00	0.05	0.05	0.00	0.01	—	—	—	0.89
河南	0.00	0.05	0.04	0.00	0.01	—	—	—	0.9
湖南	0.00	0.06	0.03	0.00	0.03	—	—	—	0.87
湖北	0.00	0.06	0.05	0.00	0.02	—	—	—	0.87
广东	0.00	0.07	0.02	0.01	0.04	—	—	—	0.87
广西	0.00	0.06	0.03	0.00	0.04	—	—	—	0.88
海南	0.00	0.07	0.04	0.00	0.05	—	—	—	0.84
四川	0.00	0.07	0.04	0.00	0.01	—	—	—	0.88
云南	0.00	0.05	0.03	0.00	0.11	—	—	—	0.81
西藏	0.00	0.00	0.00	0.00	0.20	—	—	—	0.79
陕西	0.00	0.08	0.04	0.00	0.01	—	—	—	0.88
甘肃	0.00	0.06	0.03	0.00	0.01	—	—	—	0.9
青海	0.00	0.03	0.02	0.00	0.01	—	—	—	0.93
宁夏	0.00	0.06	0.06	0.00	0.01	—	—	—	0.88
贵州	0.00	0.07	0.04	0.00	0.03	—	—	—	0.86
新疆	0.00	0.02	0.06	0.00	0.01	—	—	—	0.91
台湾	0.00	0.05	0.03	0.00	0.13	—	—	—	0.79

4.4　各省(区、市)总 PM$_{2.5}$ 来源解析

如表 4.4 所示,通过对每个省(区、市)的所有网格单元的模拟结果进行平均,估算了 2013 年全年的一次 PM$_{2.5}$ 来源贡献。在大多数省份,一次 PM$_{2.5}$ 的主要人为来源是民用和工业源,但两者在不同地区的贡献差异很大。在北京、天津、重庆、河北、江苏、安徽、山东和河南等人口密度高的省份,民用源贡献了一次 PM$_{2.5}$ 的 35% 以上,在安徽的来源贡献最高为 46%。然而,在西藏、青海和新疆民用源的贡献小于 5%。在天津、上海、河北、江苏、浙江和山东,工业排放的来源贡献一次 PM$_{2.5}$ 的 30%,主要位于中国东部经济发达的地区,但其在西藏、青海和新疆的贡献可以忽略不计。西藏、甘肃、青海、新疆、内蒙古和宁夏的扬尘排放对一次 PM$_{2.5}$ 的贡献较为重要,是 PM$_{2.5}$ 主要来源。电力和交通源对一次 PM$_{2.5}$ 的贡献很小,在大多数省份贡献不到 5%。生物质燃烧排放对于中国南方省份如福建、江西、湖南、广东、广西、云南和台湾的一次 PM$_{2.5}$ 的贡献较大。海盐只对中国两个省份有一定贡献,海南为 7%,台湾为 11%。

表 4.4　2013 年各省(区、市)对一次 PM$_{2.5}$ 的年均来源贡献

省份	电厂	居民源	工业	交通	露天燃烧	SOA	海盐	扬尘	农业
北京	0.03	0.42	0.27	0.04	0.03	—	0.00	0.21	—
天津	0.03	0.44	0.32	0.04	0.03	—	0.00	0.14	—
上海	0.07	0.19	0.42	0.05	0.06	—	0.02	0.19	—
重庆	0.02	0.44	0.21	0.02	0.08	—	0.00	0.23	—
北京	0.03	0.37	0.32	0.03	0.03	—	0.00	0.22	—
山西	0.04	0.28	0.28	0.02	0.02	—	0.00	0.36	—
内蒙古	0.03	0.13	0.09	0.01	0.02	—	0.00	0.72	—
辽宁	0.04	0.39	0.29	0.03	0.02	—	0.01	0.21	—
吉林	0.04	0.42	0.23	0.02	0.03	—	0.00	0.24	—
黑龙江	0.03	0.43	0.15	0.02	0.06	—	0.00	0.30	—
江苏	0.05	0.38	0.30	0.04	0.06	—	0.01	0.16	—
浙江	0.06	0.20	0.30	0.04	0.14	—	0.03	0.23	—
安徽	0.04	0.46	0.24	0.04	0.08	—	0.01	0.15	—
福建	0.05	0.17	0.23	0.04	0.24	—	0.03	0.25	—
江西	0.03	0.27	0.23	0.04	0.25	—	0.01	0.18	—
山东	0.04	0.43	0.30	0.05	0.03	—	0.01	0.15	—
河南	0.03	0.43	0.27	0.04	0.04	—	0.01	0.18	—
湖南	0.02	0.35	0.22	0.02	0.20	—	0.01	0.17	—
湖北	0.03	0.43	0.24	0.04	0.07	—	0.01	0.18	—
广东	0.04	0.26	0.21	0.02	0.20	—	0.03	0.23	—
广西	0.03	0.28	0.22	0.04	0.24	—	0.01	0.21	—
海南	0.03	0.27	0.17	0.02	0.16	—	0.07	0.28	—
四川	0.02	0.39	0.16	0.01	0.08	—	0.00	0.33	—

省份	电厂	居民源	工业	交通	露天燃烧	SOA	海盐	扬尘	农业
云南	0.01	0.17	0.11	0.01	0.46	—	0.01	0.23	—
西藏	0.00	0.00	0.00	0.00	0.04	—	0.00	0.95	—
陕西	0.03	0.35	0.18	0.02	0.03	—	0.00	0.39	—
甘肃	0.01	0.13	0.07	0.01	0.01	—	0.00	0.77	—
青海	0.00	0.02	0.01	0.00	0.00	—	0.00	0.96	—
宁夏	0.03	0.20	0.12	0.01	0.02	—	0.00	0.63	—
贵州	0.03	0.39	0.18	0.01	0.14	—	0.01	0.25	—
新疆	0.00	0.02	0.02	0.00	0.00	—	0.00	0.95	—
台湾	0.03	0.13	0.13	0.01	0.21	—	0.11	0.38	—

如表 4.5 所示，SNA 省级的区域来源贡献的结果与一次 $PM_{2.5}$ 有很大不同。除西藏以外，工业排放对 SNA 的来源贡献约为 40%。在大多数省份，来自农业、电力和交通的排放只占一次 $PM_{2.5}$ 很小一部分，各自来源贡献了 SNA 有 25%、20% 和 10%。相比之下，民用排放作为一次 $PM_{2.5}$ 的最主要的来源，而仅贡献了 SNA 的 10%。除西藏以外的所有省份，露天燃烧对 SNA 贡献都比较小，而西藏的其他排放源，如工业、电力和交通等，对 SO_2 和 NO_x 排放的贡献都非常低。

表 4.5　2013 年各个省(区、市)对 SNA 的年均来源贡献

省份	电厂	居民源	工业	交通	露天燃烧	SOA	海盐	扬尘	农业
北京	0.19	0.07	0.38	0.11	0.01	—	—	—	0.24
天津	0.19	0.06	0.38	0.11	0.01	—	—	—	0.25
上海	0.21	0.06	0.38	0.09	0.01	—	—	—	0.25
重庆	0.18	0.10	0.38	0.10	0.01	—	—	—	0.23
北京	0.20	0.07	0.38	0.10	0.01	—	—	—	0.25
山西	0.23	0.07	0.38	0.08	0.01	—	—	—	0.23
内蒙古	0.22	0.09	0.37	0.05	0.01	—	—	—	0.25
辽宁	0.19	0.07	0.41	0.08	0.01	—	—	—	0.24
吉林	0.19	0.09	0.40	0.07	0.01	—	—	—	0.24
黑龙江	0.18	0.11	0.40	0.07	0.01	—	—	—	0.24
江苏	0.21	0.06	0.36	0.12	0.01	—	—	—	0.24
浙江	0.20	0.06	0.39	0.09	0.02	—	—	—	0.24
安徽	0.20	0.07	0.36	0.13	0.01	—	—	—	0.23
福建	0.18	0.06	0.43	0.06	0.03	—	—	—	0.24
江西	0.18	0.07	0.38	0.10	0.04	—	—	—	0.23
山东	0.20	0.06	0.37	0.12	0.01	—	—	—	0.24
河南	0.20	0.07	0.35	0.13	0.01	—	—	—	0.24
湖南	0.18	0.08	0.37	0.11	0.02	—	—	—	0.23

续表

省份	电厂	居民源	工业	交通	露天燃烧	SOA	海盐	扬尘	农业
湖北	0.18	0.08	0.37	0.12	0.02	—	—	—	0.23
广东	0.18	0.07	0.41	0.07	0.03	—	—	—	0.23
广西	0.18	0.08	0.39	0.09	0.04	—	—	—	0.23
海南	0.17	0.07	0.45	0.03	0.04	—	—	—	0.23
四川	0.17	0.10	0.39	0.09	0.01	—	—	—	0.23
云南	0.17	0.10	0.36	0.05	0.10	—	—	—	0.22
西藏	0.08	0.03	0.17	0.04	0.30	—	—	—	0.40
陕西	0.21	0.10	0.37	0.09	0.01	—	—	—	0.23
甘肃	0.21	0.09	0.37	0.08	0.01	—	—	—	0.25
青海	0.22	0.07	0.35	0.06	0.01	—	—	—	0.29
宁夏	0.24	0.08	0.36	0.07	0.01	—	—	—	0.24
贵州	0.20	0.11	0.36	0.09	0.02	—	—	—	0.22
新疆	0.23	0.05	0.38	0.06	0.01	—	—	—	0.28
台湾	0.18	0.10	0.48	0.01	0.06	—	—	—	0.16

在明确了不同来源对一次 PM$_{2.5}$ 和二次 PM$_{2.5}$（SOA 作为单独的源处理）的贡献后，表 4.6 显示了 2013 年全年总 PM$_{2.5}$ 浓度的来源贡献。对总 PM$_{2.5}$ 的贡献最大的两个排放来源是民用和工业源，在大多数省份的年均贡献达 40%～50%。电力和农业的来源贡献大体相当，约有 10%。在大多数省份，SOA 贡献了总 PM$_{2.5}$ 的 10%，在中部和南部省份如云南、海南、台湾、广西和广东，SOA 的年均来源贡献较高，分别为 26%，25%，21%，18% 和 17%。在我国西部省份如西藏、青海、新疆、甘肃和内蒙古等，扬尘源对总 PM$_{2.5}$ 年均浓度有重要贡献，分别为 55%，74%，59%，28% 和 22%。在南方省份露天燃烧的贡献较为显著，对福建、江西、湖南、广东、广西、云南、西藏、海南和台湾的贡献均超过 10%。

表 4.6　2013 年各省份总 PM$_{2.5}$ 的年均来源贡献

省份	电厂	居民源	工业	交通	露天燃烧	SOA	海盐	扬尘	农业
北京	0.10	0.25	0.31	0.08	0.02	0.08	0.00	0.03	0.12
天津	0.10	0.25	0.33	0.07	0.02	0.07	0.00	0.02	0.12
上海	0.13	0.13	0.40	0.07	0.04	0.08	0.01	0.03	0.13
重庆	0.09	0.25	0.29	0.04	0.04	0.12	0.00	0.03	0.13
北京	0.11	0.22	0.34	0.07	0.02	0.08	0.00	0.03	0.13
山西	0.13	0.19	0.34	0.05	0.02	0.08	0.00	0.06	0.12
内蒙古	0.12	0.17	0.24	0.03	0.03	0.09	0.00	0.22	0.10
辽宁	0.12	0.22	0.34	0.06	0.01	0.07	0.00	0.03	0.14
吉林	0.12	0.25	0.31	0.05	0.02	0.08	0.00	0.03	0.14
黑龙江	0.10	0.29	0.26	0.05	0.04	0.09	0.00	0.05	0.12
江苏	0.12	0.20	0.32	0.07	0.03	0.09	0.01	0.02	0.13

省份	电厂	居民源	工业	交通	露天燃烧	SOA	海盐	扬尘	农业
浙江	0.12	0.12	0.33	0.06	0.07	0.12	0.01	0.03	0.13
安徽	0.11	0.24	0.28	0.07	0.04	0.11	0.00	0.02	0.12
福建	0.10	0.11	0.29	0.04	0.14	0.14	0.02	0.04	0.11
江西	0.09	0.16	0.27	0.05	0.14	0.14	0.01	0.03	0.11
山东	0.12	0.22	0.33	0.08	0.02	0.08	0.00	0.02	0.14
河南	0.11	0.23	0.31	0.07	0.02	0.09	0.00	0.02	0.14
湖南	0.09	0.20	0.28	0.05	0.11	0.12	0.00	0.03	0.12
湖北	0.10	0.24	0.30	0.06	0.04	0.11	0.00	0.03	0.13
广东	0.09	0.16	0.26	0.04	0.12	0.17	0.02	0.03	0.10
广西	0.08	0.17	0.26	0.04	0.13	0.18	0.01	0.03	0.10
海南	0.07	0.17	0.23	0.03	0.10	0.25	0.03	0.04	0.08
四川	0.08	0.27	0.25	0.04	0.06	0.14	0.00	0.06	0.11
云南	0.05	0.12	0.16	0.02	0.29	0.26	0.00	0.04	0.07
西藏	0.02	0.01	0.05	0.01	0.17	0.14	0.01	0.55	0.03
陕西	0.11	0.24	0.27	0.05	0.02	0.12	0.00	0.06	0.12
甘肃	0.09	0.19	0.21	0.03	0.02	0.09	0.00	0.28	0.09
青海	0.03	0.05	0.08	0.01	0.01	0.05	0.00	0.74	0.02
宁夏	0.12	0.21	0.24	0.04	0.02	0.10	0.00	0.17	0.10
贵州	0.10	0.24	0.26	0.03	0.09	0.13	0.00	0.03	0.12
新疆	0.07	0.05	0.15	0.02	0.01	0.05	0.00	0.59	0.06
台湾	0.08	0.10	0.21	0.02	0.16	0.21	0.06	0.06	0.09

4.5　讨论

尽管在前三章中,已经验证了溯源式空气质量模型在不同时间和空间模拟大气污染物来源贡献的能力,但不同来源受到多个因素的影响,仍存在着一定的不确定性。

(1)为了更好地评估 $PM_{2.5}$ 及其组分的来源贡献,需要更加精准的源排放清单。然而,排放数据存在着较大的不确定性(如活性水平、排放源成分和排放因子)(Akimoto et al. ,2006;Lei et al. ,2011a)。比如,Huang 等人(2011)评估了长三角地区排放清单,发现 SO_2、NO_x、CO、PM_{10}、$PM_{2.5}$、VOCs 和 NH_3 不确定性分别达到 $\pm19.1\%$、$\pm27.7\%$、$\pm47.1\%$、$\pm117.4\%$、$\pm167.6\%$、$\pm133.4\%$ 和 $\pm112.8\%$。SO_2、NO_x 和 NH_3 等前体物排放量的不确定性也将影响 SNA 来源贡献模拟的准确性。此外,不同地区的排放量也存在差异,例如与中国西北和西南的省份相比,华北地区、长三角地区和珠三角地区对空气质量研究较早,因此对这些地区的各个源排放量估算通常更为准确。

(2)SNA 的来源解析也受到化学、传输过程的影响。研究表明,在中国严重的霾事件中,SO_2 可以被 NO_2 氧化,在有充足 NH_3 的液相气溶胶中能形成 SO_4^{2-}(Cheng et al. ,2016;Wang et al. ,2016)。但在进行模拟时,模型中并不包含这个 SO_4^{2-} 化学生成过程。这种新的 SO_4^{2-} 形成途径可能会改变模型的性能和来源贡献,在未来更新溯源式空气质量模型中,需要量化这一化学过程的影响。

(3)计算区域来源贡献是按各省(区、市)的所有网格单元内结果进行平均,但不同省份主要城市的来源贡献并不相同。$PM_{2.5}$ 污染是一个区域性问题,在设计 $PM_{2.5}$ 减排方案时,需要考虑其来源范围是一个省甚至是一个区域,而不仅仅是单个的城市。虽然本章中使用 36 km $\times$ 36 km 水平分辨率的模型预测 $PM_{2.5}$ 与观测结果基本一致,但对于不同地区或省份的来源解析研究时,需要使用更精细的网格分辨率,以提高源解析的模拟精度。

为了设计有效的空气污染控制策略,定量本地来源和区域输送的贡献尤为重要。一些研究表明,在严重的 $PM_{2.5}$ 污染事件中,区域输送可以起到主导作用。所以区域和长距离输送对不同地区的影响需要进一步研究,并量化不同来源在输送过程中的贡献。

4.6　本章小结

在本章中,采用溯源式 CMAQ 模型量化了我国 2013 年全年一次 $PM_{2.5}$、二次 $PM_{2.5}$ 组分和总 $PM_{2.5}$ 的来源贡献。SNA 是中国 $PM_{2.5}$ 的主要组分,占贡献总 $PM_{2.5}$ 的 50% 以上。北京、上海、广州、西安、重庆五个城市的 SNA 浓度具有相似的季节特征,夏季最低,冬季最高。北京、西安和重庆 SNA 主要的来源是工业排放,其次是农业和电厂。民用源对 SNA 也有显著的贡献,尤其是冬季严重的 $PM_{2.5}$ 污染时期。总 $PM_{2.5}$ 的来源贡献从高到低依次是工业、民用、农业、电力、交通、SOA、扬尘、露天焚烧和海盐。除此之外,本章还评估了各省区域的一次 $PM_{2.5}$、二次 $PM_{2.5}$ 组分和总 $PM_{2.5}$ 来源贡献,一次 $PM_{2.5}$ 的主要人为来源是民用和工业源,而大多数省份 SNA 主要是工业、农业、电力和交通源贡献。在大多数省份总 $PM_{2.5}$ 的两个重要的来源是民用和工业源,两者总贡献为 40%～50%,电厂和农业的来源贡献约为 10%。SOA 对总 $PM_{2.5}$ 的来源贡献约为 10%,但对南方省份如云南、海南和台湾的来源贡献较为显著,分别有 26%,25% 和 21%。在西部省份如西藏、青海、新疆、甘肃和内蒙古等,扬尘源对 $PM_{2.5}$ 具有重要影响,其来源贡献分别为 55%、74%、59%、28% 和 22%。本章的结果表明在设计我国 $PM_{2.5}$ 减排方案时,需要考虑到不同地区或省份 $PM_{2.5}$ 的来源贡献。溯源式模型可增强对中国 $PM_{2.5}$ 来源的理解,为不同地区设计有针对性的 $PM_{2.5}$ 减排方案提供有价值的参考信息。

第5章

溯源式空气质量模型对我国二次有机 PM$_{2.5}$ 的来源解析

外场观测研究表明,有机碳(OC)是霾污染事件中 PM$_{2.5}$ 的主要成分之一,贡献范围为 35%～80%(He et al. ,2011;Hu J L et al. ,2016;Li et al. ,2017a;Shen et al. ,2015;Sun et al. ,2015;Zhang X H et al. ,2017;Zheng et al. ,2016)。进一步研究表明二次有机气溶胶(SOA)占观测到的总 OC 的很大一部分(Crippa et al. ,2014;Hallquist et al. ,2009;Zhang et al. ,2007),但是中国 SOA 的量级和来源贡献尚未得到广泛研究。

本章开发了可应用于 SOA 来源解析的溯源式空气质量模型 CMAQ-SOA,并分析了不同排放行业对 SOA 的贡献。考虑到目前空气质量模型中 SOA 模拟存在的偏差以及 VOCs 的排放估算具有较大不确定性,需要进一步评估由于排放清单不同导致的在模拟 SOA 浓度和来源贡献方面的不确定性。本章使用两种不同的排放清单来确定中国主要的人为(工业、电厂、居民源、萃取和溶剂使用)和自然(生物和野火)VOCs 来源对 SOA 的贡献,并探讨了 SOA 来源解析结果对不同人为排放清单的敏感性。

5.1 模型介绍

5.1.1 模型设置

本章基于多尺度空气质量模型 CMAQ v5.0.1(Appel et al. ,2013;Foley et al. ,2010;Byun and Schere,2006),化学机制使用改进过的 SAPRC-11 机制(S11L)(Carter and Heo,2013)。为了提高 SOA 的模拟水平,更新了 SOA 模块中二羰基和异戊二烯环氧化物的反应性表面吸收系数(Ying et al. ,2015)。Hu J L 等(2017a;2017b;2017c)在 SOA 模块中加入了有机蒸汽的壁损失,并更新了 SOA 的质量产率。本章中进一步更新了 S11L 气相机制和 SOA 模块,分别追踪来自不同来源类别的前体物排放,从而可以直接确定不同排放源对 SOA 生成的贡献。溯源式空气质量模型的一般方法参考第 3 章、第 4 章方法部分,这里不再赘述。

模拟区域涵盖中国及东亚和东南亚部分国家,水平分辨率为 36 km。CMAQ 模型的气象驱动场来自中尺度气象模型 WRF v3.6.1,其边界和初始条件来自美国国家环境预报中心(NCEP)FNL 再分析数据。

人为排放基于两种广泛使用的区域清单:亚洲区域大气污染物排放清单 v2.1(REAS2)

(Kurokawa et al.，2013)和中国多尺度排放清单模型(MEIC)(He，2012)。有关这两个清单及其生成模型需要的排放输入文件过程的更多详细信息，请参见 5.1.3。生物源排放使用 MEGAN 模型 v2.1(Guenther et al.，2006)。MEGAN 模型中使用的叶面积指数(LAI)数据来自 MODIS 卫星反演的 LAI 产品 MOD15A2。MEGAN 模型输出的 VOCs 物种被进一步映射到 SAPRC 机制对应的物种，包括异戊二烯，单萜烯和倍半萜烯。生物质燃烧排放来自美国国家大气研究中心(NCAR)提供的 FINN 排放清单(Wiedinmyer et al.，2011)。沙尘(Appel et al.，2013)和海盐(Kelly et al.，2010)排放是在 CMAQ 模型中在线生成的。本章使用的 CMAQ 模型更新了沙尘排放模块，使其与 20 类 MODIS 土地利用数据兼容(Hu J L et al.，2015a)。第 2 章详细评估了 CMAQ 模型的模拟性能，这里不再赘述。

5.1.2　SOA 的源解析

本章对 CMAQ 模型中的 S11L 化学机制和 SOA 模块进行了修改，以开发溯源式的 SOA 源解析模块。在改进的 S11L 机制中，通过增加标记物种和反应来追踪不同来源的前体物 VOCs 及其氧化产物。

使用标记物种的溯源式方法最初由 Mysliwiec 和 Kleeman(2002)提出，并应用于 UCD/CIT 模型(Chen et al.，2010；Kleeman et al.，2007；Ying and Kleeman，2009；Ying and Kleeman，2006；Qi et al.，2009；Hu J L et al.，2017a；Ying et al.，2004)。随后，Ying 和 Krishnan(2010)以及 Zhang 和 Ying(2011b)将该方法应用于 CMAQ 模型，来研究德克萨斯州有机蒸汽和 NO$_x$对臭氧形成的贡献。之后，Zhang 和 Ying(2012a；2011a)将这种方法应用于对 SOA 生成贡献的研究中。虽然之后开发了其他区域源解析工具，例如 CAMx 中的 PSAT 和 CMAQ 中的 TSSA，但关于 SOA 的源解析研究工作仍然较少。一些研究仅关注不同排放区域对 SOA 的贡献，而非不同源对 SOA 的贡献，例如 Lin 等人(2016)、Wagstrom 和 Pandis(2011)、Skyllakou 等人(2014)的研究。

下面简要介绍 SOA 源解析方法。以物种 ALK5 为例(包括 C$_6$和更高级环烷烃、C$_7$和更高级正构烷烃以及 C$_8$和更高级支链烷烃，并且与 OH 的反应速率 k_{OH} 大于 1×10^4 ppm^{-1}·min^{-1})，其与 OH 的反应可以扩展为两个类似的反应：

$$ALK5^x + OH \rightarrow \cdots + ALK5\,RXN^x \tag{5.1}$$

$$ALK5 + OH \rightarrow \cdots + ALK5RXN \tag{5.2}$$

反应式(5.1)中 ALK5 的上标 X 可用于表示来自排放源 X(如生物源)的 ALK5。而未标记的 ALK5 代表了来自其他所有源以及初始和边界条件的 ALK5 的总量。ALK5RXN 是用于追踪在模型时间步长期间反应的 ALK5 的计数物种，同时在气溶胶模块使用 ALK5RXN 来计算由 ALK5 产生的半挥发性产物的量。因此，除了气相反应的变化之外，气溶胶模块中也增加相应的源标记物种 SV_ALK5^x 和 AALK5J^x，分别代表了来自 ALK5^{x}的半挥发性氧化产物和积聚模态 SOA 的产量。以上这些新物种和反应的引入可以确定来自源 X 的 ALK5 生成的 SOA 总量，该方法同样适用于其他 SOA 前体物。

虽然这种方法可以进一步扩展到同时跟踪多个排放来源，但需要在模型中增加大量的标记物种和反应，导致计算成本大大增加。为了降低计算成本，本章在单次模拟中仅标记一个特定的排放来源。这意味着要确定 N 个排放源的贡献，需要进行 N 次模拟。

5.1.3 人为源排放清单与 VOCs 物种分配

本章使用了两种排放清单,分别为分辨率为 $0.25° \times 0.25°$ 的 MEIC 排放清单(基于 2012 年,仅覆盖中国大陆)和同样分辨率的 REAS2 清单(基于 2008 年,覆盖亚洲大部分国家)。MEIC 将中国的总人为排放划分为四个行业:工业、交通、电力和居民源。REAS2 将总排放划分为 12 个排放行业,为了更好地与 MEIC 排放进行对比,这些行业进一步整合为六类:工业、交通、电力、居民源、萃取和溶剂使用,详见表 5.1。分行业排放仅针对来自中国的排放,其他国家的排放被归为单一类别(即其他国家)。

表 5.1 REAS2 清单的行业划分

配置#	原始 REAS2 行业	分组后 REAS2 行业
5561	生活源	民用
5651	废物处理	
1185	工业	工业
1178	点源电厂	电厂
1178	非点源电厂	
4674,4556 和 4557	道路交通	交通
3161	国际航运	
3161	其他交通	
1016、1003、1013、197 和 3144	溶剂和油漆使用	溶剂使用
1010	萃取	萃取过程

排放清单中 VOCs 的排放通常是非甲烷碳氢化合物(NMHC)或 VOCs 的总量,需要将其分解为 S11L 机制对应的物种。MEIC 排放提供 SAPRC-99 机制(S99,SAPRC 机制的旧版本)对应的 VOCs 物种。主要的区别是苯,在 S99 机制中苯与其他芳香烃一起合并为 ARO1 物种,而 S11L 机制中包含详细的苯化学。

为了从 REAS2 清单中生成 S11L 需要的模型物种,使用了两种不同的方法。在第一种方法中,根据 REAS2 中每个行业总 NMHC 排放量,基于美国环境保护局数据库 SPECIATE 4.3,使用物种分配处理器 SpecDB(http://www.cert.ucr.edu/~carter/emitdb/)将 NMHC 映射到模型物种中,生成适合特定化学机制的物种的排放。这种方法产生的排放在本章中称为 REAS2-a。

由于原始 REAS2 也提供详细物种的 VOCs 排放,因此在第二种方法中,将 REAS2 特定的 VOCs 物种映射到 S11L 模型物种中。对于在 REAS2 和 S11L 机制中具有准确对应的物种(例如乙烯)或完全属于 REAS2 中某类 VOCs(如在 S11L 中甲苯属于 ARO1)的 VOCs 物种,这是直接的一对一映射。然而,REAS2 中的一些 VOCs 组包含属于几种 S11L 模型物种,例如 REAS2 中的"其他烷烃"包含 6 个碳原子以上的所有烷烃,因此需要非一一对应的映射因子来将排放分配到 S11L 中的各种 ALK 物种。在这里,针对每个行业,根据 SPECIATE 数据库建立每类行业排放中需要处理的特定 VOCs 到 S11L 物种的映射因子。使用这种方法生成的 S11L 的 VOCs 排放在本章中称为 REAS2-b 排放。

使用 MEIC、REAS2-a 和 REAS2-b 作为排放输入,总共进行了三组 CMAQ 模拟。由于

MEIC 没有来自其他国家的排放，REAS2-a 排放用于所有三组模拟中其他国家的排放。这意味着来自其他国家的贡献均基于相同的 REAS2 清单，使用 REAS2-a 和 REAS2-b 排放的实验中仅对 1 月和 8 月进行了模拟，分别代表冬季和夏季。表 5.2 和表 5.3 分别显示了 MEIC、REAS2、REAS2b 三种清单在 1 月和 8 月中不同 VOCs 物种的排放速率。

表 5.2　2013 年 1 月 SOA 前体 VOCs 日平均排放速率（单位：×10^3 mol·d^{-1}）

MEIC	工业	交通	电厂	生活源	总人为源	生物源	野火
ARO1[a]	3841.5	173.4	16.8	922.6	4954.3	10.6	194.3
ARO2[a]	1979.4	248.3	44.5	782.5	3054.7	7.4	8.7
ALK5[a]	2682.2	320.9	1.6	1265.1	4269.8	6.7	3.9
GLY[a]	0.3	6.6	0	1170.4	1177.2	0	0
MGLY[a]	0.2	4.1	0	441	445.2	0	48.8
ISOP[a]	7.6	1.8	0	41.2	50.5	1136.2	14.4
TERP[a]	15.8	4.5	0	128.6	148.9	522	3.8
SESQ[a]	0	0	0	0	0	13.1	0

REAS2-a[b]	工业	交通	电厂	生活源	萃取	溶剂使用	总人为源
ARO1	489.9	1428.4	12.4	1065.5	0.8	1222.3	4219.3
ARO2	415.9	1504.5	33.5	716.3	0.8	239.7	2910.9
ALK5	0	1263.7	0	28.9	198	3038.1	4528.7
GLY	0	25.9	0	0	0	0	25.9
MGLY	0	10.2	0	0	0	0	10.2
ISOP	0	0.9	0	182.5	0	0	183.4
TERP	0	5.5	0	48	0	4.7	58.2
SESQ	0	0	0	0	0	0	0

REAS2-b[c]	工业	交通	电厂	生活源	萃取	溶剂使用	总人为源
ARO1	328.6	1466.4	12.5	1708.7	234.9	3064	6815.2
ARO2	45.3	1379.2	25.1	471.6	63.4	595	2579.6
ALK5	0	1111.3	0	23.6	225.5	3346.4	4706.8
GLY	0	660	0	0	0	0	660
MGLY	0	160.2	0	0	0	0	160.2
ISOP	0	0.9	0	45.2	0	0	46.1
TERP	0	1.6	0	38.6	0	18.4	58.5
SESQ	0	0	0	0	0	0	0

[a] ARO1：芳香烃 $k_{OH} < 2 \times 10^4$·ppm^{-1}·min^{-1}。ARO2：芳香烃 $k_{OH} > 2 \times 10^4$·ppm^{-1}·min^{-1}。ALK5：只和 OH 反应的烷烃和其他非芳香族化合物，$k_{OH} > 1 \times 10^4$·ppm^{-1}·min^{-1}。GLY：乙二醛。MGLY：甲基乙二醛。ISOP：异戊二烯。TERP：萜烯。SESQ：倍半萜烯。

[b] REAS2-a：基于 REAS2 报告的 NMHC 排放总量和表 2 中的 VOC 形态分布图。

[c] REAS2-b：基于在 REAS2 中报告的物种 VOCs，并使用表 1 中的分裂因子重新定位到 S11L 物种。

表 5.3　2013 年 8 月 SOA 前体 VOCs 日平均排放速率(单位: ×10³ mol·d⁻¹)

MEIC	工业	交通	电厂	生活源	总人为源	生物源	野火
ARO1	4202.9	166	19.8	288.3	4677	241.7	326.9
ARO2	2149.4	233.9	52.5	245.7	2681.5	88.7	18.6
ALK5	2935.5	302.3	1.8	492.1	3731.7	112.8	8.3
GLY	0.3	6.4	0	299.6	306.3	0	0
MGLY	0.2	4	0	115.4	119.5	0	91.6
ISOP	8.3	1.7	0	10.5	20.5	51133.1	153.8
TERP	17.6	4.3	0	56	77.8	6801.7	1.3
SESQ	0	0	0	0	0	390.3	0

REAS2-a	工业	交通	电厂	生活源	萃取	溶剂使用	总人为源
ARO1	487.1	1215.2	13.5	455.8	0.8	1210.2	3382.5
ARO2	413.6	1280.1	36.3	306.5	0.8	237.3	2274.6
ALK5	0	1076.6	0	12.4	196	3007.8	4292.9
GLY	0	22	0	0	0	0	22
MGLY	0	8.7	0	0	0	0	8.7
ISOP	0	0.8	0	78.1	0	0	78.9
TERP	0	4.9	0	20.6	0	4.7	30.1
SESQ	0	0	0	0	0	0	0

REAS2-b	工业	交通	电厂	生活源	萃取	溶剂使用	总人为源
ARO1	327.8	1257.7	13.6	767.4	232.6	3033.5	5632.6
ARO2	45.8	1176	27	205.3	62.8	589.1	2106
ALK5	0	940.9	0	18.6	223.3	3313.1	4495.8
GLY	0	530.9	0	0	0	0	530.9
MGLY	0	128.9	0	0	0	0	128.9
ISOP	0	0.8	0	18.9	0	0	19.8
TERP	0	1.6	0	24.6	0	18.2	44.3
SESQ	0	0	0	0	0	0	0

5.2　基于 MEIC 的年均 SOA 源解析

图 5.1 显示了中国季节平均 SOA 源解析的结果。在春季,模拟的 SOA 在东南亚浓度最高,这与露天焚烧排放有关(Streets et al.,2003)。此外,该地区的高温和较强的太阳辐射增强了生物源 VOCs 的排放和 SOA 的光化学生成。云南省和广西壮族自治区部分地区春季的 SOA 浓度最高,超过 12 $\mu g \cdot m^{-3}$。此外,其他南方省份和四川盆地(SCB)的 SOA 浓度也相对较高,季节平均浓度达到 10 $\mu g \cdot m^{-3}$。模拟的 SOA 浓度在我国北方和东北的省份较低。平均而言,本地排放对 SOA 的贡献主要是由于生物(约 20.6%)和工业(约 19.5%)排放。Hu J L 等人(2017c)的研究表明,春季异戊二烯、单萜烯和倍半萜烯等生物排放对我国 SOA 的贡献约为 60%,其中包括来自中国和其他国家(主要是东南亚)的排放。在该研究中,区域传输贡献的 SOA 没有被量化。本章的研究表明,中国的生物排放对 SOA 的贡献占 20% 左右,大约

66％的生物源 SOA（或约 40％的总 SOA）是由于其他国家生物排放造成的。

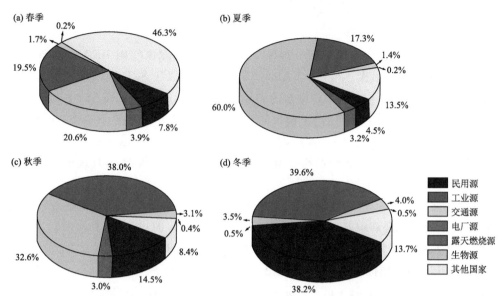

图 5.1　基于 MEIC 排放清单模拟的 2013 年春季（3 月、4 月、5 月）、夏季（6 月、7 月、8 月）、
秋季（9 月、10 月、11 月）和冬季（12 月、1 月、2 月）行业来源对 SOA 的贡献

夏季由于气象条件的变化，高浓度 SOA 向北方移动。中国中部和东部地区的 SOA 浓度通常超过 6 $\mu g \cdot m^{-3}$，最高可达 10～15 $\mu g \cdot m^{-3}$。夏季生物排放对 SOA 的贡献最大，约 60％的 SOA 来源于生物排放。大多数地区生物排放都有较大的贡献，其相对贡献最高达到 80％，包括一些异戊二烯排放较少的地区。在夏季南风的影响下，中国南方生物排放的高浓度前体物被输送到中国中部和华北平原地区。夏季太阳辐射和温度的升高也会加强生物排放，这导致生物排放对全国平均 SOA 的贡献较大。工业排放是中国 SOA 的第二大贡献者，贡献每年 SOA 总量的 17.3％。沿海地区集中的工业排放对 SOA 的影响较大，最高贡献率约为 50％。

秋季 SOA 浓度的最高值下降至 8～10 $\mu g \cdot m^{-3}$，同时 SOA 浓度的高值中心向南移动。秋季 SOA 的空间分布与春季类似，但中国南部边界地区的 SOA 浓度有所降低。随着生物排放的减少，工业源成为最重要的贡献者（38.0％），其次是生物源（32.6％）和居民源（14.5％）。随着气温的降低，居民源的相对贡献增加，特别是在中国北方和东北地区。

冬季，四川盆地和中国中部地区 SOA 浓度最高超过 14 $\mu g \cdot m^{-3}$。工业和居民源对 SOA 的贡献最大，全国平均贡献率分别为 39.6％和 38.2％。贡献最大的前体物从异戊二烯变为芳香族化合物。工业源与居民源贡献的空间分布不同。中国东部和南部地区，工业源对 SOA 的贡献较大（高达 60％）；而由于居民供暖，北方地区居民源的贡献较大（高达 80％）。

年均结果显示，四川盆地的 SOA 浓度最高，约为 12 $\mu g \cdot m^{-3}$，中国中部地区的浓度约为 8～10 $\mu g \cdot m^{-3}$。工业、居民和生物源是促进 SOA 形成的三个主要排放行业。工业源贡献较大的地区主要位于东部沿海地区，北方、东北和中部地区居民源的贡献较高。中国中部和南部地区生物源贡献较大。此外，国家间的输送对云南等南方地区的 SOA 形成有着重要作用。交通和电力行业对 SOA 生成的贡献较小，而且中国大部分地区这两个行业和野火排放的贡献总和不到 10％。

5.3 不同排放清单对 SOA 源解析结果的影响

使用 MEIC 清单模拟的中国大部分地区 1 月的 SOA 浓度比使用 REAS2 清单模拟的更高，其中四川盆地的差异最大。使用 REAS2 清单的两次模拟在 SCB 地区均得到明显更低的 SOA 浓度。1 月，REAS2-a 与 MEIC 模拟的差异可达到 12 $\mu g \cdot m^{-3}$，REAS2-b 与 MEIC 的差异可达到 10 $\mu g \cdot m^{-3}$。8 月，不同清单模拟的 SOA 浓度差异并不显著，REAS2-a 与 MEIC 的模拟差异约为 2 $\mu g \cdot m^{-3}$，REAS2-b 与 MEIC 的模拟差异约为 1.5 $\mu g \cdot m^{-3}$。8 月 SOA 的贡献主要来源于生物排放，而三组模拟均使用相同的生物源排放。因此，8 月这三组模拟之间的 SOA 浓度差异不像 1 月那样显著。

通过对比前体物对 SOA 的贡献，可以看出模拟的 SOA 浓度差异主要来自芳香族化合物生成的 SOA 以及乙二醛和甲基乙二醛生成的 SOA 差异引起的，特别是在 1 月。四川盆地 1 月 MEIC 和 REAS2 两种清单模拟的芳香族化合物生成的 SOA 差异达到 2 $\mu g \cdot m^{-3}$。REAS2-a 与 MEIC 清单模拟的乙二醛和甲基乙二醛生成的 SOA 差异达 6 $\mu g \cdot m^{-3}$，REAS2-b 与 MEIC 清单模拟的差异为 4 $\mu g \cdot m^{-3}$。由表 5.2 和表 5.3 可知，REAS2-a 中芳香族化合物、乙二醛和甲基乙二醛的排放量最小。生物源排放生成的 SOA 差异相对较小，同样，长链烷烃生成 SOA 的差异也很小（图 5.2，图 5.3）。

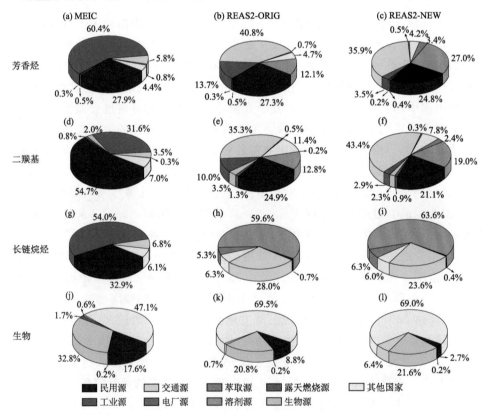

图 5.2　基于 MEIC、REAS2-a 和 REAS2-b 排放清单模拟的 2013 年 1 月(a—c)芳香烃、(d—f)二羰基、(g—i)长链烷烃和(j—l)生物 SOA 的行业来源贡献

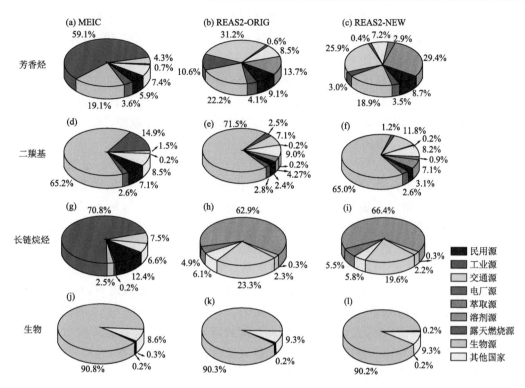

图 5.3　基于 MEIC、REAS2-a 和 REAS2-b 排放清单模拟的 2013 年 8 月(a—c)芳香烃、(d—f)二羰基、(g—i)长链烷烃和(j—l)生物 SOA 的行业来源贡献

图 5.4 总结了 1 月和 8 月基于两个排放清单模拟的 SOA 行业来源贡献。1 月,最大的不同在于交通源。对于 MEIC 清单模拟的结果来说,交通源约贡献 4% 的 SOA;而 REAS2-a 模拟的交通源的相对贡献增加至 34.8%,REAS2-b 模拟的交通源的相对贡献增加到 38.0%,几乎高出一个数量级。REAS2 的模拟结果表明,交通源是芳香族化合物的重要来源,对 SOA 的贡献更高。REAS2-a 和 REAS2-b 的模拟中,华北平原的中部、东部和南部地区交通源对总 SOA 的贡献高达 40%。

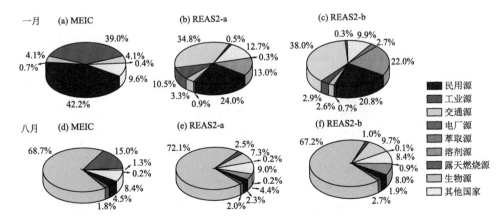

图 5.4　2013 年 1 月和 8 月使用(a,d)MEIC、(b,e)REAS2-a、(c,f)REAS2-b 模拟的
SOA 行业来源贡献

就 MEIC 而言,1 月份 SOA 的主要来源是居民源(42.2%)和工业源(39.9%)。对于 REAS2-a 和 REAS2-b 清单,交通源的贡献最大,分别为 34.8% 和 38.0%,其次是居民(24.0% 和 20.8%)和溶剂使用(13.0% 和 22.0%)。对于 REAS2 排放,居民和工业源(10.5% 和 2.9%)的贡献显著降低,而生物源对 SOA 的贡献比例几乎相同。REAS2-a 和 REAS2-b 具有相似的 SOA 源解析结果,只是 REAS2-b 有更多 SOA 来自溶剂,来自工业源的则更少。如果在处理 REAS2 排放时将溶剂使用和萃取源分组到工业源,则 REAS2 和 MEIC 之间在工业贡献的差异将会减少。

8 月,所有排放清单模拟的生物排放对中国 SOA 的贡献超过 65%。交通运输行业在 REAS2-a(7.3%)和 REAS2-b(9.7%)的情景下将比 MEIC(1.3%)发挥更重要的作用。

图 5.5 和图 5.6 给出了基于两个排放清单的三种模拟结果,其中包括 2013 年 1 月和 8 月 4 个城市(华北平原的北京、长江三角洲的上海、珠江三角洲的广州、四川盆地的成都)的 SOA 时间序列。使用 REAS2 清单模拟的成都地区 SOA 明显低于使用 MEIC 清单模拟的 SOA,尤其是 1 月份。使用 MEIC 清单时,四个城市中成都夏季和冬季的 SOA 浓度最高,1 月和 8 月最高小时浓度分别为 35 μg·m^{-3} 和 50 μg·m^{-3}。无论使用哪种排放清单,1 月其他城市的 SOA 每小时峰值浓度约为 20~25 μg·m^{-3}。相比之下,北京和上海的 SOA 峰值浓度在夏季可达到约 40 μg·m^{-3}。8 月,无论使用何种人为排放清单,生物排放是所有城市中最重要的贡献因子。1 月,基于 MEIC 清单模拟的 SOA 最大来源是工业和居民源,然而交通、居民和溶剂行业在 REAS2-a 和 REAS2-b 中更加重要。

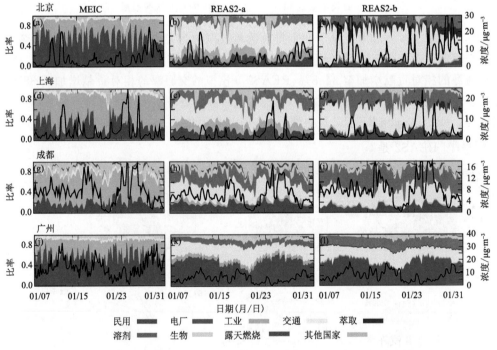

图 5.5　2013 年 1 月四个城市(北京、上海、广州和成都)模拟的 SOA 浓度时间序列(黑线,右侧纵轴,单位:μg·m^{-3})以及不同行业对 SOA 的贡献

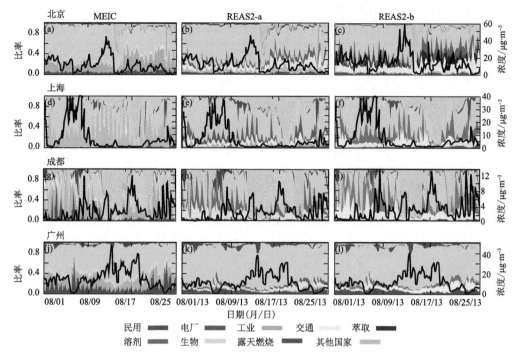

图 5.6　2013 年 8 月四个城市(北京、上海、广州和成都)模拟的 SOA 浓度时间序列(黑线,右侧纵轴,单位:$\mu g \cdot m^{-3}$)以及不同行业对 SOA 的贡献

5.4　讨论

使用 MEIC 和 REAS2 两种清单得到的 SOA 源贡献有着明显差异。在 REAS2 清单中,交通源更为重要。这是因为 REAS2 清单中该行业的前体 VOCs 排放速率比在 MEIC 清单中高出约 6~7 倍。这种排放差异的可能原因是 MEIC 清单是根据 2012 年的排放因子和活动数据计算的,而 REAS2 是基于 2008 年。尽管 2008—2012 年间中国的车辆总数几乎翻了一番(中国国家统计局 2009 年和 2014 年统计年鉴),但是车辆的排放标准也已收紧。在此期间,轻型车辆(LDV)的排放标准从中国第三阶段汽车排放标准(国三标准)改为中国第四阶段汽车排放标准(国四标准),同时重型车辆(HDV)标准从国三标准改为中国第五阶段汽车排放标准(国五标准)。表 5.4 显示了不同标准中排放因子的详细信息。对于轻型汽车,柴油和汽油车辆的碳氢化合物排放因子分别下降了 33% 和 60%。对于重型汽车,柴油和汽油车辆的碳氢化合物排放因子减少了 59%。由于轻型汽车和重型汽车的碳氢化合物排放因子发生了重大变化,如果其他因素保持不变,这一减少可能会导致交通行业对 SOA 的贡献降低。对柴油车和汽油车实施更高的燃油质量标准可以进一步减少排放。

总体而言,尽管汽车数量在增加,但是汽车排放因子的降低导致来自汽车排放的减少。Zhang S J 等人(2014)指出,北京从 2008 年到 2011 年碳氢化合物的总排放量约减少 50%。然而,这仍然不能解释三组模拟之间约一个数量级的差异。Huang 等人(2015)制定了 2012 年上海的车辆排放清单,估计车辆排放对 SOA 的贡献约为 40%~60%。这与 REAS2 的估计更加一致,并且远高于基于 MEIC 的估计。

表 5.4　中国不同排放标准(GB)轻型车辆和重型车辆的排放因子[1](单位:g・km^{-1})

轻型车辆[2]								
污染物	CO		碳氢化合物 (Hydrocarbon)		NO$_x$		PM$_{2.5}$	
燃料类型	D[3]	G[3]	D	G	D	G	D	G
GB III	0.140	1.180	0.024	0.191	0.841	0.100	0.032	0.007
GB IV	0.130	0.680	0.016	0.075	0.679	0.032	0.031	0.003
重型车辆[2]								
污染物	CO		碳氢化合物 (Hydrocarbon)		NO$_x$		PM$_{2.5}$	
燃料类型	D	G	D	G	D	G	D	G
GB III	2.790	10.710	0.255	1.354	7.934	1.713	0.243	0.044
GB V	2.200	4.500	0.129	0.555	4.721	0.680	0.027	0.044

(1)数据来:http://www.zhb.gov.cn/gkml/hbb/bgg/201501/W020150107594587831090.pdf。

(2)LDV:汽车座椅小于 9,长度小于 6000 mm。HDV:车辆总质量大于等于 12000 kg。

(3)D:柴油燃料型;G:汽油燃料型。

　　REAS2 和 MEIC 排放清单在交通排放方面的差异应该在未来的工作中进一步研究。除了交通行业的差异外,工业和居民行业的排放以及由此生成的 SOA 也显示出显著的差异。居民和工业排放估算的差异可能是由不同排放因子和活动水平数据估算的综合影响造成的。这将导致在估算特定源对颗粒物空气污染的贡献方面存在显著差异,从而导致极为不同的排放控制策略。

　　本章中源解析结果的准确性受限于排放清单和已有的 SOA 生成途径,但没有通过观测值对结果进行评估。由生物前体物氧化形成的 SOA 具有独特的示踪剂,这已被应用于确定这些前体物对 SOA 的贡献。然而,最近在中国南部开展的一项研究表明,由于缺乏适当的示踪剂,很大一部分人为 SOA 不能确定(Wang et al.,2017)。需要解决示踪物缺乏的问题,才能根据观测更好地评估溯源式模型的结果。

5.5　本章小结

　　使用 MEIC 的清单模拟的中国夏季的生物源排放对 SOA 的贡献较大(全国平均约为60%),而冬季工业和居民源排放贡献较大(全国平均约为 78%)。然而,使用 REAS2 清单时,居民源对 SOA 的贡献较小,而交通排放的贡献更加重要。基于两个排放清单的三组模拟之间的 SOA 源解析差异与排放的差异一致。2008—2012 年的车辆数量和燃料排放标准的变化无法解释不同模拟之间交通源贡献的巨大差异。需要在未来的研究中研究这些差异,以建立有效的 SOA 和颗粒物污染控制政策。

溯源式空气质量模型对我国 $PM_{2.5}$ 微量金属组分的来源解析

微量金属组分通常只占 $PM_{2.5}$ 质量浓度的一小部分(Qi et al. ,2016),但对颗粒物的物理和化学特性具有重要影响。例如,一些微量组分(铁和锰)可以促进气溶胶和液相化学中二次硫酸盐的形成(Fu et al. ,2016;Martin and Good,1991)。铁也是植物光合作用所必需的,大气中大量铁进入缺铁的海水可促进藻类生长(Boyd et al. ,2007),藻类在全球碳循环中起着重要作用(Li W et al. ,2017)。有些重金属元素(如镉和铅)具有毒性,对人体健康(Schroeder et al. ,1987)以及海洋浮游植物(Paytan et al. ,2009)产生有害作用。因此了解大气颗粒物中微量金属组分的浓度区域分布及其来源,对制定有效控制策略来保护空气质量、气候和人类健康有着重要意义。

虽然自 2013 年以来我国建立了针对标准污染物的国家空气质量监测网络,但是并未对颗粒物中微量金属组分的浓度进行常规监测。Duan 等人(2013)总结了 2000—2010 年间我国 44 个城市的重金属和砷测量结果,发现我国的浓度普遍高于美国和欧盟等国家和地区的浓度水平。但目前仍缺乏对中国微量金属组分区域来源的全面评估。

利用空气质量模型可以研究微量金属组分的区域分布及其沉积通量(Hu J L et al. ,2014c;Kragie et al. ,2013;Lin et al. ,2015;Appel et al. ,2013),但目前这类研究主要集中在国外一些地区。空气质量模型对微量金属组分的模拟准确性主要受这些组分排放清单的准确性影响。目前我国公开可获得的排放清单中是没有包含微量金属组分信息的,因此无法直接使用溯源式空气质量模型来评估这些组分的来源(Hu J L et al. ,2014b;2015a)。

为了解决这个问题,本章:(1)使用美国的物种分布配置数据库中的排放因子来模拟微量金属组分浓度;(2)基于微量元素观测浓度来优化这些排放因子,并量化不同来源对主要金属组分的贡献;(3)评估改进的排放因子在模拟微量金属组分浓度方面的适用性。

6.1　模型介绍

6.1.1　使用 CMAQ 对微量元素进行区域来源解析

本书第三章里介绍了使用溯源式空气质量模型估算一次 $PM_{2.5}$ 的来源贡献。为了确定一次 $PM_{2.5}$ 来源的贡献,增加相应的非活性示踪剂来标记不同的排放源。非活性示踪剂与其他非活性颗粒物组分(如元素碳)经历相同的传输和沉降过程。在每个网格单元中,示踪剂的排放速率设置为该源排放的一次$PM_{2.5}$($PPM_{2.5}$)的总排放速率的1×10^{-5},使其浓度不影响粒子的粒径分布和去除率。使用特定源的排放因子来确定特定来源的微量元素的浓度,公式为:

$$C_i = 10^5 s a_i \tag{6.1}$$

式中,C_i为第i个微量元素的浓度;s为特定源$PPM_{2.5}$示踪剂的浓度;a_i为来自标记源的$PPM_{2.5}$排放中的第i个微量元素的排放因子(质量分数)($\mu g \cdot \mu g^{-1}$);10^5用于单位转换,使得C_i具有与其他颗粒物组分相同的单位。

公开可获得的中国排放清单中包含将许多详细行业来源归为一类的高度概括的排放类别。如果来自每个源的微量元素排放都在本地排放清单中提供,则可以获得一组具有代表性的特定源排放因子并应用于公式(6.1)确定微量元素的浓度和来源贡献(Ying and Kleeman,2004)。但是,微量元素的排放尚未包含在任何公开可获得的中国排放清单中。

可将现有物种数据库,例如美国国家环境保护局的SPECIATE数据库的物种分配文件作为替代方案(Ying and Divita,2008)。本章中使用的每个源类别的SPECIATE物种分配文件列于表6.1。然而,使用国外SPECIATE物种分配文件来估计中国微量元素浓度的适用性需要根据观测结果进行评估。除了使用来自SPECIATE数据库的物种分配文件确定微量元素的平均排放因子之外,本章还开发了一种使用微量元素观测值和溯源式空气质量模型模拟值来推导$PPM_{2.5}$特定源排放因子的新方法(见下文6.1.2节),并将使用这些排放因子模拟得到的微量元素浓度与使用SPECIATE数据库模拟得到的结果进行比较。

基于观测约束制定清单的方法类似于Hu Y等人(2014)提出的改进的$PM_{2.5}$源解析的混合方法。这种混合方法也使用了来自CTM的源贡献信息和观测到的颗粒物组分浓度。事实上,Hu Y等人(2014)建议使用优化技术求解目标函数中定义的源贡献调整因子R_j(j是源类别),公式为:

$$\chi^2 = \sum_{i=1}^{N} \frac{\left(c_i^{obs} - c_{i,init}^{CTM} - \sum_{j=1}^{J_{CTM}} (R_j - 1) SA_{i,j,init}^{CTM}\right)^2}{\sigma_{c_i^{obs}}^2} \tag{6.2}$$

式中,C_i^{obs}为颗粒物中第i个组分的观测浓度;$C_{i,init}^{CTM}$为空气质量模型中模拟物种的初始浓度,$SA_{i,j,init}^{CTM}$是空气质量模型中第j个源导致的第i个物种的初始浓度值;$\sigma_{c_i^{obs}}$为观测浓度的不确定度;N为化学物种的个数和J_{CTM}为由空气质量模型重新分配的源的个数。通过将原始模拟值与调整因子相乘,可以改进由空气质量模型估计的排放源对$PM_{2.5}$的贡献。

本章是基于一种在源解析中整合观测值和空气质量模型的模拟值的思想,主要目的是使用空气质量模型模拟的总颗粒物质量的源贡献来确定微量元素的物种配置文件。在这项研究中,使用的目标函数中每个物种都被单独处理;观测和来自空气质量模型模拟的源贡献的不确定性都被考虑在内;本章得出的源贡献调整因子是基于一次颗粒物,可以解释为排放清单中一次颗粒物的排放率误差。

表 6.1　基于 SPECIATE 数据库配置文件的 PPM$_{2.5}$微量元素、一次有机碳(POC)和元素碳(EC)的排放因子(每单位质量 PPM$_{2.5}$排放的各组分质量排放率×100%)

	沙尘[1]	居民[2]	交通[3]	电厂[4]	工业[5]
POC	0.691	63.800	51.170	2.630	8.012
EC	0.094	24.000	24.810	1.700	1.402
Nâ	0.299	0.020	0.099	0.129	1.015
Al	6.290	0.670	0.135	4.160	1.648
Si	17.010	0.690	0.423	7.980	5.569
Cî	0.520	0.090	0.042	0.700	2.161
K̂	0.728	0.530	0.017	0.419	3.502
Ca	0.008	1.160	0.267	3.470	6.015
Ti	0.335	0.040	0.005	0.200	0.086
Cr	0.011	0.004	0.004	0.007	0.441
Mn	0.096	0.006	0.004	0.016	0.256
Fe	3.010	0.860	0.363	1.904	3.064
Cu	0.035	0.031	0.004	0.012	0.462
Zn	0.039	0.160	0.241	0.034	0.717
As	0.000	0.015	0.000	0.000	0.566
Ba	0.000	0.058	0.057	0.224	0.057
Pb	0.053	0.012	0.043	0.004	0.997

[1] ♯413502.5；土壤沙尘配置文件－合成。

[2] 91028；居民燃煤；非控制。

[3] 90%♯91022(小型汽油车－合成)＋10%♯3014(重型柴油车)

[4] 91104(沥青燃烧一合成；袋式除尘器、静电除尘器、干/湿洗涤器和氨喷射后的混合物)。

[5] ♯90016.25(工业制造)、90002.5(化学制造)、900132.5(矿物产品)、9000042.5(钢铁生产)和4378(水泥)平均值。

﹒排放因子是针对元素的而不是针对于原子的。

6.1.2　基于观测约束的排放因子建立排放清单

6.1.2.1　标准排放因子的控制方程

本章使用模型模拟得到的 PPM$_{2.5}$质量浓度的源贡献和微量组分观测浓度推导出特定源的微量元素排放因子。基于化学质量平衡，N_s 个排放源贡献的微量元素的浓度可以由下式表示：

$$C_i = S_{a_i} + \varepsilon_i \tag{6.3}$$

式中，列向量 C_i 包含第 i 个微量元素的 N_m 个观测浓度；ε_i 为残留浓度矢量；S 为由 CMAQ 模型模拟的源贡献矩阵(N_m 行×N_s 列)。S 矩阵中的每一行表示一次观测中对 PPM$_{2.5}$质量浓度($\mu g \cdot m^{-3}$)的源贡献。S 矩阵中的每一列表示来自每一个源的源贡献。列向量 a_i(长度＝N_s)表示来自不同源的 PPM$_{2.5}$的每单位排放中的第 i 个微量元素的比例(即排放因子)。颗粒物的物种分配通常是指同一排放源的多个颗粒物组分的排放占比(也称为排放因子)的集合。本章中使用上述方法得出的这些排放因子称为"标准"排放因子,因为它们不是基于排放源测试实验得到的,仅代表监测点位置的某类排放源类别的平均排放因子。它们在其他地区的适用性需要进行评估。

6.1.2.2 排放因子的稳健回归解

使用最小化模拟和观测之间平方差总和的标准多元性线性回归技术来确定公式(6.3)中的 a_i。然而,由于微量元素的观测存在较大的不确定性并且偶尔会出现异常值,因此本章中使用稳健回归技术来减少异常值对回归分析的影响。确定第 i 个微量元素排放因子的稳健回归技术(Holland and Welsch,2007)的目标函数 Q 如下式所示:

$$Q = \sum_{m=1}^{N_m} W_m \left(\sum_{j=1}^{N_s} S_{(m,j)} a_{(j,i)} - c_{m,i} \right)^2 \tag{6.4}$$

每个观测值的权重因子(W)在稳健回归方法中是通过基于模拟浓度和观测浓度之间的残差迭代来确定的。本章中使用具有调整常数 4.685 的双平方权重函数来重新计算权重因子。当最大残差的相对变化小于 1×10^{-3} 时,迭代停止。重复该方法以确定所有观测的微量元素的排放因子。6.3.2 节给出了由于不同的权重函数引起的方程解的敏感性。

6.1.2.3 排放因子计算的不确定性

微量元素浓度的观测值和 CMAQ 模拟的 $PPM_{2.5}$ 的源贡献都存在不确定性。为了估计由于浓度观测值和源贡献模拟值的不确定性导致的排放因子的不确定性,应用了蒙特卡罗模拟技术。对于每个微量元素,假设它们服从正态分布,通过随机改变观测的浓度和模拟的来源贡献,进行 3000 次蒙特卡罗模拟以确定公式(6.4)中的系数 $a_{j,i}$。"标准"排放因子的平均值和95%置信区间由 3000 次的蒙特卡罗模拟确定。

当浓度低于最小检测限(minimum detection limit,MDL)时,使用公式(6.5)来估计在第 j 次观测中第 i 个微量元素的观测浓度的绝对不确定度(u),否则使用公式(6.6):

$$u_{i,j} = \frac{5}{6} MDL_i \tag{6.5}$$

$$u_{i,j} = \sqrt{(c_{i,j} \delta_i)^2 + MDL_i{}^2} \tag{6.6}$$

式中,δ 为相对不确定性;c 为观测浓度。

$PPM_{2.5}$ 来源贡献模拟的不确定性受若干因素的影响,例如排放清单的准确性和气象场模拟的不确定性。空气质量模型的网格分辨率也会影响源贡献的估计。这些不确定性将在第6.2.2 节进行讨论。

6.1.3 模型应用

6.1.3.1 模拟时间段、排放清单和不确定性

本章使用第 3 章中介绍的溯源式 CMAQ 模型,针对五种主要的来源类别(扬尘、居民、交通、电厂和工业源),计算中国 2013 年全年和 2012 年两个月(8 月和 10 月)$PPM_{2.5}$ 的源贡献。模拟区域覆盖中国及其邻国,水平分辨率 36×36 km。人为源排放基于中国多尺度排放清单(MEIC)(http://www.meicmodel.org/)。CMAQ 模型需要的气象输入场来自中尺度气象模型 WRF 的模拟结果。模拟的元素碳(EC)、有机碳(OC)、$PPM_{2.5}$(Hu J L et al.,2015a;2016)以及 $PM_{2.5}$ 和臭氧(Hu J L et al.,2016)浓度的验证已在前面章节中介绍。

如第 6.1.2.3 节所述,使用蒙特卡罗分析来估计排放因子模拟的不确定性需要 PPM$_{2.5}$ 源贡献模拟的不确定性。然而,空气质量模型有许多内部参数和数值算法,并且需要大量的输入数据,所有这些都具有不确定性。对模型模拟中的不确定性进行全面评估超出了本章的范围。然而,对于非活性一次颗粒物,可以想象不确定性的主要来源之一是排放。因此,在本章中,作为一阶近似,排放中的不确定性被认为代表了 PPM$_{2.5}$ 来源贡献模拟的不确定性。不考虑气象场、传输方程数值解等引起的源贡献模拟的不确定性。

来自居民、交通、电厂和工业源的 PPM$_{2.5}$ 排放的不确定性可使用四种排放清单估算。除了基准情景模拟中使用 MEIC 清单,还使用了 REAS2(Kurokawa et al.,2013)、EDGARv4.2 (http://edgar.jrc.ec.europa.eu/)以及清华大学环境学院开发的另一个中国排放清单。电厂源以及工业源的排放估算存在较大差异,基于四组排放清单估算的相对标准偏差(relative standard deviation,RSD)分别为 120% 和 55%,而居民源和交通源不确定性较小,RSD 分别为 34% 和 39%。根据 Dong 等人(2016)在 CMAQ 沙尘模块中的分析,细颗粒模态中沙尘排放估算的不确定度为 50%。

6.1.3.2　利用观测数据评估模型性能并得出排放因子

本章使用的观测数据来自北京航空航天大学测量的 PM$_{2.5}$ 日均质量浓度和化学组分(包括微量元素)。该站点位于北京市区(39°59′N,116°21′E),观测数据覆盖 2012—2013 年四个月(Wang et al.,2015a),分别为 2012 年 8 月与 10 月、2013 年 1 月与 3 月,共收集了 80 个样本。这些数据用于评估使用 SPECIATE 物种分配系数模拟的微量元素浓度,并用于推导 6.1.2 节所述的特定源的排放因子。使用 Wu 和 Yu(2016)提出的一次 OC 与 EC 比值 (OC$_{primary}$/EC)的方法估算一次有机气溶胶(POA)的浓度。公式(6.5)和公式(6.6)所需的每个一次化学物种的相对不确定度 δ 和 MDL 与 Zíková 等人(2016)一致,并由克拉克森大学的 Hopke 博士提供(表 6.2)。通过从 PM$_{2.5}$ 浓度中减去硫酸盐、硝酸盐、铵盐和二次有机气溶胶 (SOA)来估算每个样品的 PPM$_{2.5}$ 浓度。此后的分析仅包括了日均 PPM$_{2.5}$ 分数误差(FE)< 0.6 的 62 个样品的数据。

表 6.2　PPM$_{2.5}$ 中化学组分的相对不确定度和最小检出限

物种	相对不确定度/%	最低检出限/μg·m^{-3}
POC	3.50	0.300
EC	3.70	0.300
Na$^+$	25.00	0.081
Al	13.30	0.059
Si	4.70	0.593
Cl$^-$	20.00	0.005
K$^+$	9.17	0.081
Ca	1.10	0.010
Ti	17.00	0.005
Cr	25.80	0.004
Mn	11.50	0.012
Fe	2.46	0.015

物种	相对不确定度/%	最低检出限/$\mu g \cdot m^{-3}$
Cu	7.50	0.007
Zn	3.52	0.010
As	93.90	0.0015
Ba	26.60	0.058
Pb	15.00	0.011

注：由克拉克森大学的 Hopke 博士提供。这些值用于 Zikováet 等人（2016）描述的 PMF 分析，且本研究中使用相同的数据集。

为了评估基于观测约束的排放因子值的适用性，利用了另外两个城市南京和成都的微量元素的观测浓度。2013 年南京春、夏、秋、冬四季微量元素浓度观测值可从文献中得到（Li X et al.，2015a；2016）。成都微量元素浓度由成都市环境科学研究院于 2013 年观测得到。

6.2 北京地区 POC，EC 和微量元素的模拟值

北航站点的微量元素、POC 和 EC 浓度由公式（6.1）使用表 6.1 中列出的 $PPM_{2.5}$ 浓度模拟值和基于 SPECIATE 物种分配系数计算得到。如图 6.1 所示，虽然模拟的 POC 和 EC 浓度与模拟值一致，但微量元素的浓度与观测结果不一致。Pearson 相关系数（Pearson correlation coefficient，PCC）＞0.6 的三种物质（K，Cu 和 Zn）中，仅 Cu 具有相对低的平均分数偏差（MFB）和平均分数误差（MFE）值（分别为 0.41 和 0.51）。对于年均浓度，Al，Si，Ca，Ti，Mn，Fe，Cu，As，Ba 和 Pb 的模拟值在观测值的 3 倍范围内，Fe，Ti，Cu 和 Ba 模拟较好。这表明，基于 MEIC 清单和 SPECIATE 数据库的 CMAQ 模型对 $PPM_{2.5}$ 和主要组分（POC 和 EC）的模拟较为准确，但对于微量元素仍需要改进。

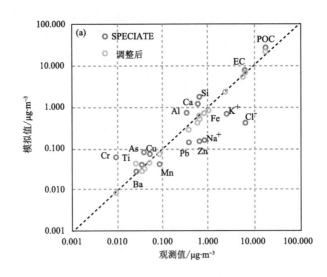

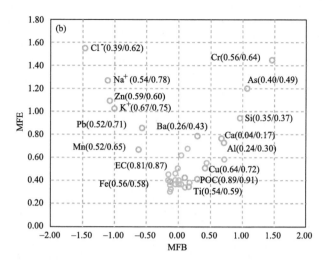

图 6.1　(a)在北航站点 PM₂.₅ 微量元素、EC 和 POC 浓度的年均观测值和使用 SPECIATE 数据库中的排放因子和从观测值调整后的排放因子得到的模拟值。(b)基于日均浓度模拟值的 MFB 和 MFE,括号中的数字是基于 SPECIATE 和调整后排放因子的 PCC

　　图 6.1 还显示了根据 6.1.2 节所述方法使用调整后排放因子模拟的北航站点的 POC,EC 和微量元素浓度。从计算的 MFB 和 MFE 来看,模拟的年均和日均浓度均显著改善。最初的结果中,MFB 从 −1.48(Cl⁻,显著低估)变化到 1.45(Cr,显著高估);但在调整后的结果中,MFB 从 −0.15(Al)变化到 0.43(Ba)。所有微量元素的 MFE 平均值从 0.91 降至 0.44。虽然 MFB 和 MFE 以及年平均浓度得到显著改善,但 PCC 的改善相对较小。特别是对于某些地壳元素,如 Al,Ca 和 Si。他们的 PCC 值仍然低于 0.4,表明这五种来源无法很好地反映其浓度的日变化。目前的模拟中包括天然沙尘源,但不包括其他沙尘源,如道路扬尘和建筑扬尘。这部分来源的扬尘可能与风起沙尘无关,可能是这些物种缺失的来源。图 6.2 列出了每个组分浓度模拟和观测值的详细比较结果。

6.3　PPM₂.₅ 来源贡献和排放因子的调整

　　虽然第 6.2 节中展示的结果比较好,但对调整后的排放因子(表 6.3)进一步检查显示,对于交通和电厂源而言,推导出的标准排放因子高得不切实际,有些甚至超过 100%。这些高值仅出现在这两个行业中,表明这两个行业的 PPM₂.₅ 浓度可能包含系统性低估偏差。这些标准排放因子需要进一步调整。

　　本章中使用公式(6.3)对 PPM₂.₅ 特定来源贡献的调整因子进行校正。在该方法中,列向量 c 在公式(6.3)中表示 PPM₂.₅ 的观测浓度,矩阵 S 包含原始 CMAQ 模型模拟的 PPM₂.₅ 源贡献,并且待求解的列向量 a 表示来源贡献的调整因子。"观测的"PPM₂.₅ 浓度通过从总 PM₂.₅ 浓度中减去二次组分得到,并假设相对不确定度为 30%(表 6.2)。

　　图 6.3 表明,基于 MEIC 清单的交通和电厂源对北京 PPM₂.₅ 的贡献分别被严重低估了 8.2±5.3(平均值±标准差)和 5.2±4.3,而沙尘、居民和工业来源的贡献分别需要略微缩小 0.53±0.63、0.76±0.24 和 0.50±0.48 的比例。因此,在随后的分析中,通过将原来的源贡

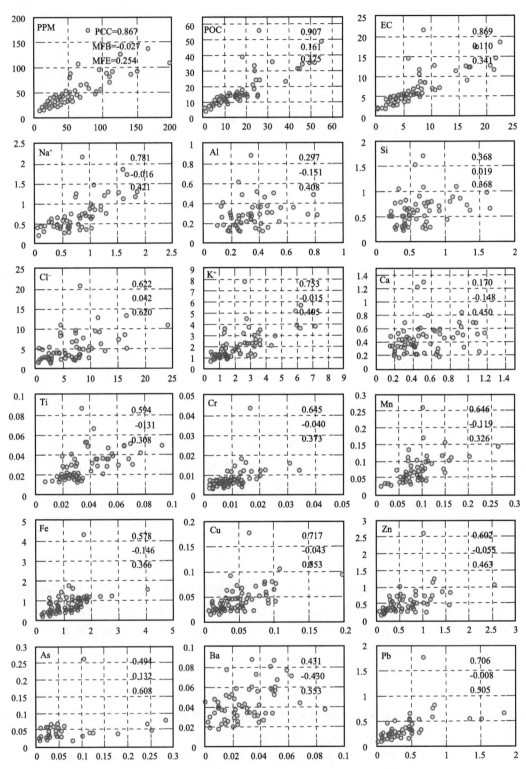

图 6.2　北京 PPM$_{2.5}$ 组分浓度的观测值（x 轴）与模拟值（y 轴）（单位：$\mu g \cdot m^{-3}$）

（每个小图从上到下的三个数字分别是 PCC，MFB 和 MFE）

表 6.3 　基于 CMAQ 模拟的 PM$_{2.5}$源贡献和在北京北航校区站点 PPM$_{2.5}$组分浓度观测值的 PM$_{2.5}$
微量元素、POC 和 EC 的标准排放因子(每单位质量 PPM$_{2.5}$排放的质量排放率×100%)

物种	沙尘	居民	交通	电厂	工业
OC	4.75	38.55	183.15	107.65	9.95
EC	3.23	11.21	109.79	49.68	7.03
Na	1.80	1.05	9.65	8.76	0.60
Al	1.69	0.03	6.35	3.72	0.41
Si	4.66	0.01	13.39	7.64	0.87
Cl	11.24	8.52	41.42	107.66	2.85
K	3.38	2.42	34.98	40.77	2.83
Ca	3.91	0.00	7.81	6.96	0.57
Ti	0.19	0.01	0.57	0.41	0.04
Cr	0.02	0.00	0.17	0.12	0.01
Mn	0.21	0.06	1.29	1.13	0.09
Fe	2.22	0.42	16.37	15.26	1.37
Cu	0.04	0.05	0.82	0.66	0.07
Zn	0.98	0.45	8.53	9.65	0.78
As	0.13	0.03	0.56	0.53	0.04
Ba	0.21	0.01	1.01	0.39	0.06
Pb	0.08	0.42	4.06	5.35	0.28

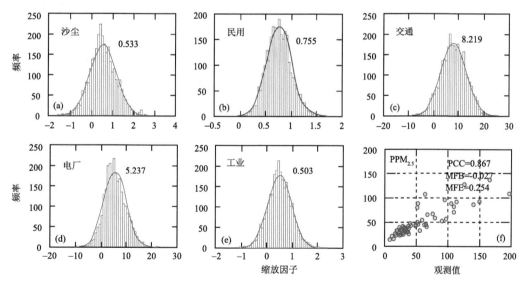

图 6.3 　(a—e)缩放因子的频率分布图,用于调整沙尘、民用、交通、电厂和工业源对 PPM$_{2.5}$的源贡献。
图中显示了 3000 次蒙特卡罗模拟的缩放因子平均值;(f)观测值和调整后的 PPM$_{2.5}$(μg・m^{-3})之间
的 PCC,MFB 和 MFE

献与相应的缩放因子相乘来调整 PPM$_{2.5}$的源贡献。调整前后模拟的 PPM$_{2.5}$源贡献的变化如
图 6.4 所示。将表 6.3 中所示的"标准"排放因子的原始值除以这些比例因子得到调整后的排
放因子,见表 6.4。

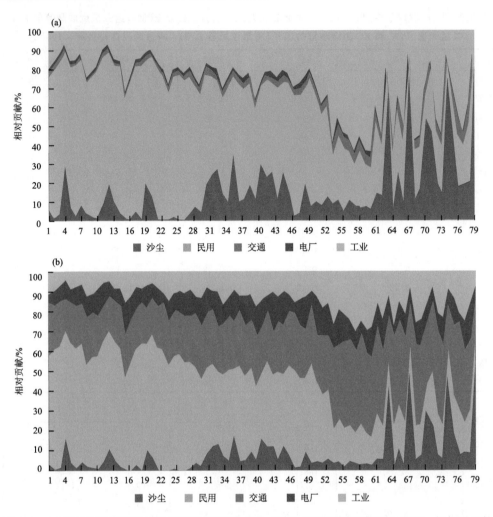

图 6.4　（a）基于原始模型模拟的 PPM$_{2.5}$相对源贡献；（b）基于源贡献缩放后的 PPM$_{2.5}$的相对贡献
（包括所有可用的数据。横坐标为数据点编号）

表 6.4　基于 CMAQ 模拟的 PM$_{2.5}$源贡献和在北京北航校区站点 PPM$_{2.5}$组分浓度观测值的缩放后的
PM$_{2.5}$微量元素、POC 和 EC 标准排放因子

物种	沙尘		居民		交通		电厂		工业	
	μ	σ	μ	σ	μ	σ	μ	σ	μ	σ
POC	8.92	10.81	51.03	4.76	22.28	14.39	20.56	17.20	19.78	10.75
EC	6.06	4.44	14.84	1.79	13.36	5.55	9.49	7.12	13.98	4.18
Na$^+$	3.37	0.73	1.38	0.24	1.17	0.71	1.67	0.83	1.20	0.53
Al	3.17	0.54	0.04	0.07	0.77	0.31	0.71	0.38	0.82	0.23
Si	8.74	1.67	0.02	0.23	1.63	0.88	1.46	1.10	1.73	0.64
Cl$^-$	21.08	9.24	11.27	2.01	5.42	6.78	20.56	9.17	5.67	4.87
K$^+$	6.34	1.83	3.21	0.69	4.26	2.29	7.78	2.76	5.63	1.76
Ca	7.33	0.80	0.00	0.10	0.95	0.45	1.33	0.63	1.13	0.33

物种	沙尘		居民		交通		电厂		工业	
	μ	σ	μ	σ	μ	σ	μ	σ	μ	σ
Ti	0.37	0.05	0.01	0.01	0.07	0.03	0.08	0.04	0.08	0.02
Cr	0.04	0.01	0.00	0.00	0.02	0.01	0.02	0.01	0.02	0.01
Mn	0.39	0.08	0.08	0.02	0.16	0.07	0.22	0.09	0.18	0.05
Fe	4.16	0.89	0.56	0.23	1.99	0.84	2.91	1.08	2.72	0.63
Cu	0.08	0.05	0.06	0.01	0.10	0.04	0.13	0.05	0.13	0.03
Zn	1.83	0.69	0.60	0.13	1.04	0.53	1.84	0.68	1.55	0.40
As	0.25	0.08	0.03	0.02	0.07	0.06	0.10	0.05	0.07	0.05
Ba	0.39	0.10	0.02	0.02	0.12	0.07	0.08	0.08	0.13	0.05
Pb	0.15	0.26	0.56	0.09	0.49	0.29	1.02	0.37	0.56	0.21

注：μ 是排放因子平均值，σ 是基于 3000 次蒙特卡罗模拟的标准偏差，该模拟考虑到了 PM$_{2.5}$源贡献和观测值的不确定性。

推导出的调整因子对于稳健回归分析权重函数的选择不是非常敏感。假设将 PPM$_{2.5}$的相对不确定性从 30% 改变至 15%，这仅导致调整因子的微小变化（分别为交通和电厂源的 8.2 ± 3.6 和 5.2 ± 2.8）。假设电厂排放的相对标准偏差为 60% 而不是 120%，这导致交通和电厂源的平均调整因子分别为 7.7 ± 4.0 和 9.8 ± 5.0。对 MEIC 清单中与电厂和交通相关的排放被大大低估的结论没有质的影响。

6.4　北京 PPM$_{2.5}$化学组分的来源贡献

使用 6.3 节中描述的调整后的排放因子和 PPM2.5 的源贡献，计算四个季节的沙尘、居民、交通、电厂和工业源对 PPM$_{2.5}$组分的源贡献，结果如图 6.5 所示。居民源是主要的贡献者，并且对冬季和春季几种组分（POC、EC、Na$^+$、Cl$^-$ 和 K$^+$）的贡献更大。对于 POC 和 EC，居民源可以解释冬春季观测浓度的约 60%~80%，夏秋季机动车排放变得更加重要。对于 Cr，Mn，Fe，Cu，Zn，As 和 Pb，冬、春季居民源的贡献也很高。Ba 通常作为制动器磨损排放的示踪剂，所有季节交通源的贡献最多。制动器中的其他金属组分（例如 Fe，Cu，Ti 和 Pb）也有大量来自于交通源的贡献。这表明 6.3 节所示的车辆排放比例因子可能是由于缺少制动器磨损的排放。正如预期的那样，Al，Si，Ca 和 Ti 主要来自于沙尘源。模拟和观测之间的最大差异发生在北京受中国西部和西北部沙尘暴以及当地沙尘排放影响的春季。

6.5　排放因子对其他地区的适用性

南京和成都的 PPM$_{2.5}$浓度模拟值取自监测点所在的网格单元。有观测结果的同一天的模拟值用于计算季节平均浓度。观测结果以及运用调整后的排放因子得到的所有微量元素模拟值的季节和年均浓度分别如图 6.6 和图 6.7 所示。由于低估了沙尘排放，Al，Ca，Si 和 Ti 被明显低估，因此不再进一步讨论。Fe，Zn，Mn，Pb 和 Cu 浓度的模拟值通常在观测值的两倍

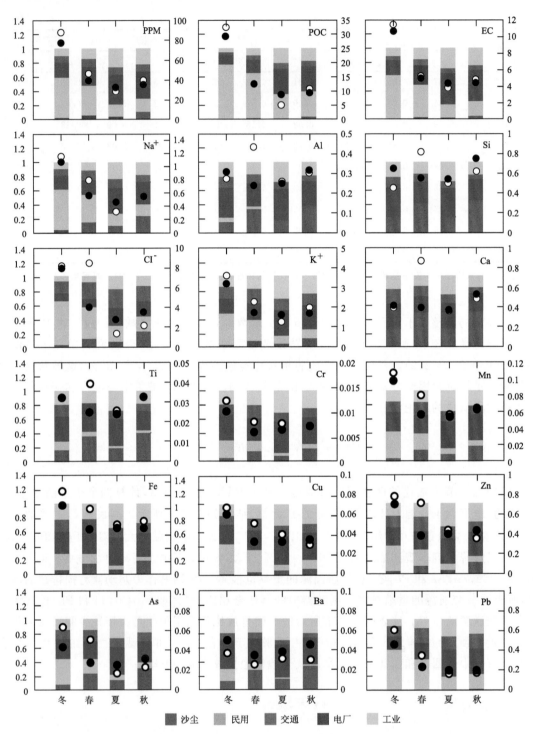

图 6.5 观测（白点）和模拟（黑点）的 PPM$_{2.5}$、POC、EC 和微量元素的季节平均浓度值，以及来自
沙尘、民用、交通、电厂和工业源的浓度模拟值的相对贡献

（左 y 轴：相对贡献；右 y 轴：浓度（$\mu g \cdot m^{-3}$）。W：冬季；Sp：春季；Su：夏季；Fa：秋季）

之内。这两个城市都低估了 Cr,但是 As 在成都被大大高估了。这可能是由于这两个城市的工业类型与北京不同。南京模拟的 Ba 浓度高于观测值 2～3 倍。对于大多数物种来说(除了南京的 K,As 和 Ba 以及成都的 As),当交通和电厂源的 PPM$_{2.5}$ 增加时,模拟的季节和年均浓度会有所提高。降低工业和居民源的影响较小。这个分析结果说明了 MEIC 清单中可能低估了来自交通和电厂源的 PPM$_{2.5}$ 排放。

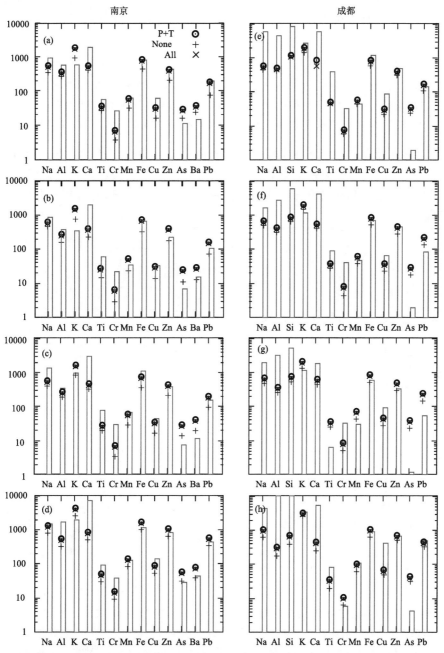

图 6.6　模拟和观测到的南京(a—d)和成都(e—h)春季(a,e)、夏季(b,f)、秋季(c,g)和冬季(d,h)的季节平均微量元素浓度。观测值由柱状图呈现。模拟值的计算:(1)通过分别为 5 和 8 缩放因子对电厂源和交通源 PPM$_{2.5}$ 的浓度进行缩放(P+T);(2)未缩放的原始 PPM$_{2.5}$ 浓度(None);(3)缩放所有人为源(ALL)

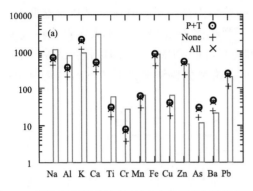
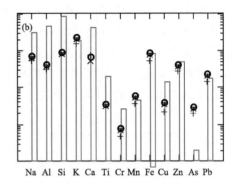

图 6.7　模拟和观测到的南京(a)和成都(b)微量元素年均浓度。观察结果显示为柱状图。三组观测值的计算方法如下：(1)仅以因子 5 和 8 分别缩放电厂和交通源的 PPM 浓度(P+T)；(2)没有缩放的原始 PPM 浓度(None)；(3)以及将电厂、交通、民用和工业源分别扩大 5.4、8.1、0.75 和 0.51(ALL)

图 6.8 显示了南京和成都各季节模拟和观测的微量元素浓度及其源贡献，发现在两个城市中 Mn，Fe，Zn 和 Pb 的观测和模拟浓度相对较好。南京的居民源贡献远远低于成都，但电厂源的贡献要大得多。居民源和沙尘源贡献的季节变化较为明显，并分别在冬季和春季达到

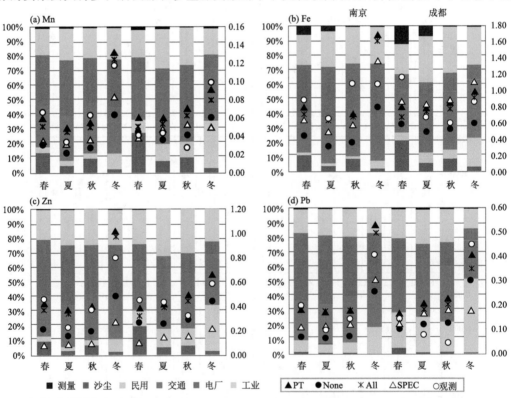

图 6.8　模拟和观测(空心圆圈)到的南京(左四列)和成都(右四列)的 Mn，Fe，Zn 和 Pb 的季节平均浓度值。三组模拟值的计算方法：(1)仅将电厂源和交通源的 PPM 浓度分别缩放 5.3 倍和 8.2 倍(PT，黑色三角形标记)；(2)使用原始 PPM 浓度模拟值，不进行缩放(None，黑点)；(3)将五个源全部进行缩放(All，星型)。另外一组结果是基于 SPECAITE 数据库的特定源排放因子(SPEC，白色三角形)。源贡献基于 ALL 的结果。左 y 轴：相对贡献；右 y 轴：浓度($\mu g \cdot m^{-3}$)

最大值。由于能源需求增加,夏季电厂源贡献略高。工业源对这些微量金属的贡献约为 20%～30%,季节变化相对较小。南京交通和电厂是 Mn 和 Fe 的主要来源,约贡献 30%。对于 Zn 和 Pb,电厂源的贡献(约 30%～40%)高于交通源(20%～30%)。除春季外,成都其他季节交通源对 Mn,Fe 和 Zn 的贡献最高。春季,沙尘源对 Mn,Fe 和 Zn 的贡献会更加重要(30%～50%)。冬季,成都的居民源对 Pb 的贡献约 60%。

6.6 讨论

6.6.1 排放因子估算的局限性

当排放清单中排放因子不易获取,或使用现有物种排放因子会使得监测点位模拟性能不佳时,就应考虑本章中开发的特定源排放因子,以提供恒量元素排放的初步估计。显然,需要更多的排放源测试研究来开发中国特定的化学物种分配系数和微量元素的排放清单。同样,该技术也存在一定的局限性:(1)需要合理准确的 PPM$_{2.5}$ 排放清单。模拟的 PPM$_{2.5}$ 浓度需要观测结果进一步验证。然而,由于难以确定 OC 中的 SOC 占比,所以从 PM$_{2.5}$ 观测结果中确定 PPM$_{2.5}$ 可能不准确;调整因子的不确定性表明,推导出的排放因子对不确定性范围内观测到的 PPM 浓度的变化和模拟的 PPM 源贡献很敏感。对 PPM 排放更好的估计将极大地减小调整因子的不确定性(这种不确定性并不能完全消除),将使得以后得到的微量元素排放因子更加准确。(2)该技术假设在受体位置观测到的 PPM$_{2.5}$ 组分可以代表它们在相应的空气质量模型网格单元中的平均浓度。数据在分析之前应排除本地源影响较大的点。(3)基于单个位置的观测值估算的统一排放因子对区域中不同来源(例如工业)的排放的空间变化可能会极大地影响模拟区域浓度和源解析结果的准确性。在多个地方开发基于微量元素测量值估算的区域特定标准排放因子,可以对结果进一步改进。

6.6.2 与其他研究中一次 PM$_{2.5}$ 源贡献模拟的对比

本章中估算的北京交通部门的一次排放量占年均总 PM$_{2.5}$ 的约 9.5%。Zíková 等人(2016)指出,使用正交矩阵分解(PMF)的源解析方法的不同研究中北京交通来源对总 PM$_{2.5}$ 的贡献差异很大,从 4% 到 31% 不等。本章中估算的交通源对总 PM$_{2.5}$ 质量的贡献仍然低于 Zíková 等人使用 PMF 方法估计的 24.8%(Zíková et al. ,2016)。尽管 SOA 对交通排放的 PM$_{2.5}$ 和总 PM$_{2.5}$ 有较大贡献(Gentner et al. ,2012;Huang et al. ,2014;Sun et al. ,2014),但 PMF 方法中未识别 SOA(Zíková et al. ,2016)。而 SOA 质量的一部分可能与 PMF 中交通源的因子相关联,因此导致 SOA 有更高的估算。应该提到的是,交通运输排放的 NO$_x$ 和 VOCs 也是造成大量二次 PM 的原因(Zhang et al. ,2012),因此,车辆排放(包括一次和二次 PM)对总 PM$_{2.5}$ 的总体贡献将更高。

电力对 PPM$_{2.5}$ 的贡献大约 10%,对总 PM$_{2.5}$ 的贡献是 3.7%,季节变化不明显。Zhang 等人(2013b)和 Zíková 等人(2016)指出,除冬季外,北京煤炭燃烧对 PM$_{2.5}$ 的贡献分别为 1%～7% 和 4%～17%。由于煤炭燃烧包含除电力之外的居民源和工业源,而中国北方冬季居民供暖达到峰值,因此估计除冬季外的煤炭燃烧更能代表电力源的贡献。本章中电力部门的贡献相对较低,这与这些研究基本一致。

工业来源对 $PPM_{2.5}$ 的贡献范围从冬季的 10% 到夏季的 26%，约占每年 $PM_{2.5}$ 总质量的 5%。这与 Song 等人(2006)的结果一致，他们使用 PMF 方法，基于 2000 年在北京收集的数据估算出年均贡献率为 6%。冬季和春季的居民源分别占 $PPM_{2.5}$ 的 58% 和 41%，但夏季和秋季的贡献较低(约 17%~18%)。居民源对总 $PM_{2.5}$ 的年平均贡献约为 16%。沙尘对 $PPM_{2.5}$ 的贡献通常较小，春季达到峰值 6.7%。

第7章

溯源式空气质量模型对我国主要省会城市 PM$_{2.5}$ 来源解析

目前中国部分大城市的 PM$_{2.5}$ 污染仍然比较严重（Gong et al.，2012；Li X et al.，2016）。城市化的推进可能会持续增加人口在环境污染中的暴露风险。2014 年，我国城市人口占总人口的 55%，预计在未来 20 年间我国城市人口将超过 10 亿人（Bai et al.，2014）。因此对我国主要城市进行 PM$_{2.5}$ 来源解析研究是非常有必要的。在前面的章节里，分别介绍了溯源式空气质量模型对 PM$_{2.5}$ 里的一次气溶胶、二次无机气溶胶、二次有机气溶胶以及微量金属组分的来源解析，量化了我国和省级总 PM$_{2.5}$ 的区域性来源贡献。作为之前研究的补充，本章进一步利用溯源式 CMAQ 模型的结果对我国主要省会城市和直辖市 PM$_{2.5}$ 的日均、季节平均和年均的来源贡献进行分析。

7.1　研究方法

7.1.1　模拟 PM$_{2.5}$ 浓度和来源

PM$_{2.5}$ 模拟性能分析表明在所有省会城市和直辖市中，有 25 个城市的 PM$_{2.5}$ 浓度模拟较好，6 个省会城市（呼和浩特、银川、兰州、西宁、乌鲁木齐和拉萨）有较大程度的低估，这可能是由于排放清单中对以上 6 个城市当地大部分排放的缺失（Hu J L et al.，2016），尤其是对沙尘排放的估算较低导致。因此，本章仅探讨有较好模拟性能的 25 个城市的 PM$_{2.5}$ 源解析的结果。基于地理位置、文化和管辖区域来划分，中国可划分为七个（中部、东部、南部、北部、东北部、西北部和西南部）区域。每个分区中至少包括一个城市。基于传统分类的 25 个城市包括：（1）中国北部和东北地区的北京、长春、哈尔滨、济南、沈阳、石家庄、太原、天津和郑州；（2）中国西北地区的西安；（3）中国东部地区的福州、杭州、合肥、南京和上海；（4）中国中部地区的长沙、南昌和武汉；（5）中国西南地区的成都、重庆、贵阳和昆明；（6）中国南部地区的海口、广州和南宁。

7.1.2　分层聚类分析

聚类分析常被用于对气候区域分类（Badr et al.，2015；Fovell and Fovell，1993），以及对从地区到国家尺度上的空气质量在空间上的分类（Flemming et al.，2005；Gao et al.，2011）。在本章中，采用 SPSS 19.0 中的分层聚类方法基于各城市 PM$_{2.5}$ 日浓度对 25 个城市进行分组，以考察中国不同地区$PM_{2.5}$来源贡献的异同。分层聚类分析方法通常可分为两类：一是凝聚聚类（自下而上）；二是分裂聚类（自上而下）(Omran et al.,2007)。凝聚聚类方法是从每个数据集开始，作为一个单独的聚类，并将性质相近的数据集连续组合成更大的聚类；而分裂聚类方法相反，其从整个数据集开始，按照性质差别划分为连续较小的聚类(Omran et al.,2007)。由于每个城市的污染物数据集可视为一个聚类，本章使用凝聚聚类方法进行分析。并应用Pearson相关系数用于提供距离测量，Z-Scores法用于数据标准化。有关分层聚类分析方法的详细描述可参阅Norušis(2011)。

7.2 城市组和$PM_{2.5}$年平均浓度

本章基于分层聚类的结果，将25个主要省会城市分为9个群组，每个城市群组都有一至四个城市，并且在地理位置上彼此相近(图7.1)。9个城市群组分别为：(1)东北地区的沈阳、长春和哈尔滨；(2)北部地区的北京、天津、石家庄和太原；(3)北部地区的济南和郑州；(4)西北地区的西安；(5)东部地区的上海、南京、杭州和合肥；(6)中部地区的武汉、长沙和南昌；(7)西南地区的重庆、成都、贵阳和昆明；(8)东南地区的广州和福州；(9)南部地区的南宁和海口。对于北部、东北部和西北部地区（即1—4组）的城市，煤炭被广泛用于冬季的集中供暖(Xiao et al.,2015；Shen and Liu,2016)，来自戈壁沙漠和我国西北其他沙漠地区的沙尘暴会使得以上地区春季的$PM_{2.5}$浓度增加(Qian et al.,2004)。对于中部、东部、西南部和南部地区（即5—9组）冬季不提供集中供暖的城市，电力广泛应用于居民的冬季采暖。在我国9个城市组中，第8组东南部地区和第9组南部地区靠近海洋。

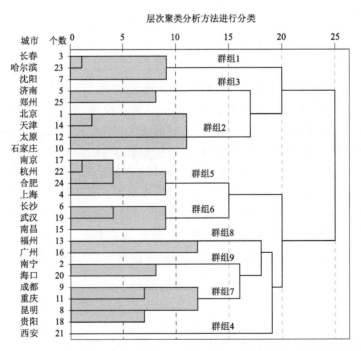

图7.1 基于2013年3月2日至12月31日的$PM_{2.5}$日浓度数据，采用分层聚类分析法对中国25个省会和直辖市进行分类

表 7.1 给出了 2013 年 3 月 2 日至 12 月 31 日期间,在 9 个城市群组获取的 285～1164 d 的 PM$_{2.5}$ 日均观测浓度情况。在收集到的天数里,每个城市群组中有 10%～49%(138～571 d)的 PM$_{2.5}$ 污染天。依据中国国家环境空气质量标准(CNAAQS—2012)对城市地区 PM$_{2.5}$ 日均浓度的要求,PM$_{2.5}$ 日均浓度高于 75 $\mu g \cdot m^{-3}$ 时定义为 PM$_{2.5}$ 污染天。总体而言,北部、西北部和中部地区的城市群组有更多的 PM$_{2.5}$ 污染天(约有 36%～47%),其他城市群组为 10%～28%。9 个城市群组中,PM$_{2.5}$ 污染天占比最低的是沿海城市群组 8 和 9,分别约占 10% 和 15%。

为了降低源贡献模拟结果的偏差,本章选取 PM$_{2.5}$ 日均模拟浓度的标准化平均误差 (NME)<50% 的天数进行源解析。在 NME<50% 的天数中,各城市群 PM$_{2.5}$ 污染天约有 7%～41%(132～886 d)。本章除表 7.1 外的所有图和表只体现 NME<50% 期间源解析的结果。

表 7.1　2013 年 3 月 2 日至 12 月 31 日每个城市群的天数(单位:d)

区域	群组	城市数	PM$_{2.5}$ 日均观测浓度		模拟与观测的 NME<50%									
			总天数	PM$_{2.5}$>75 $\mu g \cdot m^{-3}$	总天数					PM$_{2.5}$>75 $\mu g \cdot m^{-3}$				
					总天数	春季	夏季	秋季	冬季	总天数	春季	夏季	秋季	冬季
东北	1	3	862	200	617	157	223	174	63	121	23	10	37	51
北部	2	4	1159	571	710	163	235	233	79	294	75	72	106	41
北部	3	2	571	258	400	118	117	119	46	158	41	25	58	34
西北	4	1	285	138	132	36	43	33	20	43	14	0	11	18
东部	5	4	1162	251	786	233	208	249	96	170	37	9	63	61
中部	6	3	861	313	616	205	180	161	70	221	84	2	74	61
西南	7	4	1164	324	886	281	250	263	92	243	71	22	75	75
东南	8	2	579	58	299	100	100	71	28	22	8	0	2	12
南部	9	2	576	85	340	130	85	82	43	4	0	1	21	28

NME:标准平均误差。

据《中国环境统计年鉴 2014》(国家统计局和环境保护部,2014),2013 年 25 个城市的 PM$_{2.5}$ 年均浓度在 27～154 $\mu g \cdot m^{-3}$ 之间(表 7.2)。这表明所有城市均超过 CNAAQS—2012 相应年平均浓度标准(35 $\mu g \cdot m^{-3}$;除海口外)(环境保护部,2012)。25 个城市中,最高和最低的 PM$_{2.5}$ 年平均浓度分别在我国北部地区的石家庄和南部地区的海口测得。此外,我国北部和西北部的第 2—4 组城市群组观测到的 PM$_{2.5}$ 年均浓度普遍偏高(分别为 81～154 $\mu g \cdot m^{-3}$、105～110 $\mu g \cdot m^{-3}$ 和 105 $\mu g \cdot m^{-3}$),而在东部和南部靠海地区的第 8 和 9 组城市群组中,PM$_{2.5}$ 年均浓度较低(分别为 36～53 $\mu g \cdot m^{-3}$ 和 27～57 $\mu g \cdot m^{-3}$)。第 1、5、6 和 7 城市群组的 PM$_{2.5}$ 年均浓度分别为 73～81 $\mu g \cdot m^{-3}$、62～88 $\mu g \cdot m^{-3}$、69～94 $\mu g \cdot m^{-3}$ 和 42～96 $\mu g \cdot m^{-3}$。

7.3　PM$_{2.5}$ 年均浓度的源贡献

表 7.2 显示了 25 个省会城市和直辖市 PM$_{2.5}$ 的来源解析结果。在模拟结果 NME<50% 的天数中,所有城市 PM$_{2.5}$ 观测和模拟的年均浓度分别为 32～139 $\mu g \cdot m^{-3}$ 和 26～102 $\mu g \cdot m^{-3}$。总体而言,工业源和民用源是 PM$_{2.5}$ 的主要贡献源,两者的年平均贡献占比分别为 25.0～ 39.9% 和 9.6%～31.9%。来自电厂、沙尘和 SOA 的年均贡献分别占比 6.6%～13.7%、

4.8%~18.0%和5.3~16.8%。交通源和露天燃烧对PM$_{2.5}$年均浓度的贡献均小于10%。海盐源对PM$_{2.5}$的年均贡献可忽略不计(0.1%~1.9%)。气相反应中的一次污染物,如二氧化硫(SO$_2$)、氮氧化物(NO$_x$)和挥发性有机化合物(VOCs)可以通过半挥发性反应产物的气-粒转换促进PM$_{2.5}$的二次生成(Zhang R Y et al.,2015)。Huang等人(2014)在中国不同区域的四个城市(北京,西安,上海和广州)严重灰霾事件期间均观测到二次PM$_{2.5}$对总PM$_{2.5}$浓度有较高的贡献。本章同样发现,2013年全年模拟期间25个城市PM$_{2.5}$日均浓度有47%~63%是由二次PM$_{2.5}$(SPM)贡献。

表7.2 中国25个省会城市和直辖市的PM$_{2.5}$年均浓度的来源贡献

组别	城市	PM$_{2.5}$浓度/$\mu g \cdot m^{-3}$			贡献占比/%[#]										
		观测[a]	观测[*]	模拟[$]	P	T	R	I	A	WD	OB	SOA	SS	SPM
1	沈阳	78	72	62	11.7	6.2	23.4	34.0	11.6	6.3	1.3	5.3	0.2	58
	长春	71	61	57	12.4	5.5	25.6	29.6	13.1	7.3	1.0	5.4	0.1	60
	哈尔滨	81	68	57	9.1	5.6	31.9	27.8	11.2	7.5	1.4	5.4	0.1	58
2	北京	89	74	58	11.0	7.3	21.7	28.8	9.4	12.7	1.7	7.3	0.1	52
	天津	96	87	75	11.0	7.3	23.3	32.2	10.2	7.5	1.6	6.7	0.1	54
	石家庄	154	139	102	13.7	6.2	17.9	32.2	10.9	11.7	1.1	6.3	0.1	57
	太原	81	67	51	11.3	4.6	17.1	32.1	8.6	18.0	1.4	6.7	0.1	47
3	济南	110	103	89	13.4	8.0	19.7	32.3	11.9	6.5	1.2	7.0	0.1	61
	郑州	108	88	90	12.0	7.7	17.7	36.1	11.2	6.8	1.4	7.1	0.1	58
4	西安	105	100	73	10.3	5.2	29.4	25.0	9.5	9.9	1.5	9.1	0.1	55
5	上海	62	64	52	12.0	6.6	12.6	39.6	9.4	10.9	1.8	6.4	0.7	52
	南京	78	80	73	13.3	7.7	14.7	37.6	11.0	5.1	2.5	8.0	0.3	60
	杭州	70	73	57	13.5	9.1	10.7	39.9	11.9	5.1	2.4	7.0	0.4	60
	合肥	88	97	82	11.7	7.6	19.0	37.1	10.3	4.8	2.0	7.5	0.2	57
6	武汉	94	100	91	10.4	6.2	20.1	34.3	10.9	4.3	3.0	8.9	0.1	61
	长沙	83	84	76	9.3	5.7	17.5	37.9	10.0	5.2	5.4	8.9	0.2	54
	南昌	69	72	59	10.9	6.8	15.3	31.0	9.0	7.0	9.5	11.3	0.3	60
7	重庆	70	69	66	10.9	4.5	20.6	32.4	12.0	6.8	3.3	9.5	0.1	63
	成都	96	81	66	6.8	7.4	21.3	35.1	10.4	7.3	2.3	9.2	0.1	55
	贵阳	53	57	53	10.6	3.9	22.0	30.9	10.8	7.4	4.7	9.5	0.2	61
	昆明	42	41	35	6.6	4.2	14.1	37.2	7.3	9.1	9.4	12.7	0.3	49
8	广州	53	54	41	11.1	5.3	9.6	35.1	9.7	10.1	5.3	12.8	1.0	53
	福州	36	38	28	11.5	4.7	9.6	33.3	11.1	12.4	5.5	9.8	1.4	57
9	南宁	57	74	64	9.3	5.1	15.0	32.6	10.7	7.4	5.3	14.1	0.5	60
	海口	27	32	26	9.5	4.1	17.6	25.8	9.3	10.9	4.2	16.8	1.9	58

来源类别包括电厂(P)、交通(T)、居民(R)、工业(I)、农业 NH$_3$(A)、沙尘(WD)、露天燃烧(OB)、海盐(SS)、二次有机气溶胶(SOA,无源分解)。二次 PM$_{2.5}$(SPM)对总 PM$_{2.5}$的贡献比例也包括在内。

通过对四个季节的平均浓度进行代数平均,计算出年平均浓度。

[*],[$],[#]基于模拟的PM$_{2.5}$浓度的NME<50%时选定的数据。

[a]基于全年的观测数据(《中国环境统计年鉴 2014》)。

各城市群 PM₂.₅ 年均来源贡献的平均结果显示,除第 1 和第 4 组外,工业源贡献了各城市群最大的 PM₂.₅ 年均浓度(第 1—9 组的贡献分别为:30.5%、31.3%、34.2%、25%、38.6%、34.4%、33.9%、34.2% 和 29.2%)。第 1 组和第 4 组的 PM₂.₅ 年均浓度由居民源和工业源共同主导,二者的贡献占比分别为 31.9%、27.8% 和 29.4%、25.0%。除第 1 组、4 组和 8 组外,居民源是其余组城市群 PM₂.₅ 年均浓度的第二大排放源,其对第 1—9 组的贡献占比分别为:27.0%、20.0%、18.7%、29.4%、14.3%、17.6%、19.5%、9.6% 和 16.3%。第 8 组城市群居民源(9.6%)的年均贡献略低于电厂(11.3%)、农业 NH₃(10.4%)、沙尘(11.3%)和 SOA(11.3%)源。在所有的城市群组中,交通源和海盐源的年均贡献占比皆相对较低(最大为 9.1% 和 2%)。

7.4　PM₂.₅ 浓度和来源贡献的季节变化

图 7.2 展示了 9 个来源对 25 个城市 PM₂.₅ 日均浓度的贡献占比。春季、夏季、秋季和冬季的定义分别为 3—5 月、6—8 月、9—11 月以及 12 月至翌年 2 月。一般来说,在冬季极易出现高 PM₂.₅ 浓度的污染天(日均浓度 >200 $\mu g \cdot m^{-3}$),工业源和居民源通常是 PM₂.₅ 日均浓度最主要的两大来源,贡献占比分别高达 55% 和 50%。在超高 PM₂.₅ 浓度的污染天中,电厂、农业 NH₃ 源和交通源对 PM₂.₅ 日均浓度的贡献占比分别为 10%～20%,5%～15% 和 <10%,沙尘、露天燃烧、海盐和 SOA 的来源贡献皆 <10%。

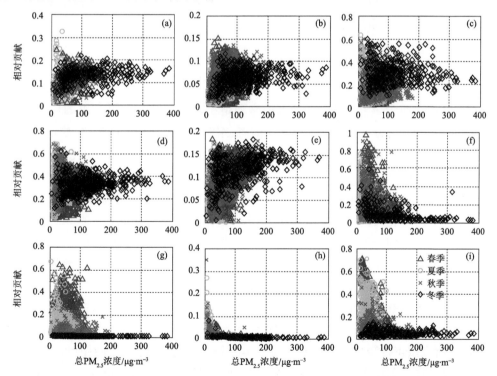

图 7.2　基于溯源式 CMAQ 模拟我国 25 个主要城市的 PM₂.₅ 日均浓度的来源贡献
(a)电厂;(b)交通,(c)民用;(d)工业;(e)农业氨;(f)沙尘;(g)露天焚烧;(h)海盐;(i)SOA 源

图 7.2 表明,尽管电厂、交通源、居民源、工业源以及农业 NH_3 源在低 $PM_{2.5}$ 浓度时的每日贡献变化较大,但以上排放源的每日最大贡献占比未呈现出显著的季节变化。相比之下,沙尘、露天燃烧、海盐和 SOA 源的每日最大贡献占比呈现出明显的季节变化趋势。冬季沙尘源的日均贡献较低(大多数时间<20%),可能是冬季大气边界层较低,气候条件较为停滞所致,而在其他季节沙尘源的日均贡献可超过 50%。总的来说,$PM_{2.5}$ 日均浓度较低时,沙尘源有较高的贡献占比。海盐源的季节变化可能与影响我国大部分地区的东亚季风、西南夏季风和北方冬季风有关(Wen et al.,2016)。冬季盛行的北风通常会将我国大陆污染的空气带到南海和东海(Fovell and Fovell,1993),因此,海盐源对我国冬季 $PM_{2.5}$ 的贡献几乎为零。SOA 可由人为源和自然源排放的 VOCs 通过光化学反应生成(Flemming et al.,2005)。在全球范围内,大多数 SOA 来自自然源的排放(Kanakidou et al.,2005)。Hu 等人(2017f)的研究表明,中国夏季自然源 VOCs 排放约占 SOA 的 75%。众所周知,异戊二烯等 SOA 自然源前体物的排放高度依赖于温度和光照(Guenther et al.,2012),因此,冬季 SOA 的来源贡献占比(<18%)低于其他季节(高达 70%),这可能与冬季的较低大气温度和太阳辐射致使植被排放和光化学反应速率较低有关。此外,冬季居民源排放的一次颗粒物占比较大,所以 SOA 的贡献占比相应较低。施肥活动导致农业 NH_3 的排放存在季节差异,故农业 NH_3 源对 $PM_{2.5}$ 的浓度贡献也存在季节变化趋势。由于 NH_3 转化为二次铵盐离子受到气相反应生成的 HNO_3 和 H_2SO_4 浓度的限制(Kharol et al.,2013),在 $PM_{2.5}$ 浓度较高时,大部分地区的二次无机 $PM_{2.5}$ 占总 $PM_{2.5}$ 的最高比例(70%~80%)不会显示出强烈的季节性变化(图 7.4),故农业 NH_3 源对 $PM_{2.5}$ 的最大来源贡献无强烈的季节性变化。

7.5 $PM_{2.5}$ 污染天的源解析结果

图 7.3 展示了四个季节 $PM_{2.5}$ 污染天的来源解析结果。第 8 和第 9 组的城市群夏季无 $PM_{2.5}$ 污染天,主要原因为东亚夏季风从我国南海、东海地区带来较多的降水,使空气更加清洁(Wen et al.,2016)。在各个城市群不同季节的 $PM_{2.5}$ 污染天中,工业源和居民源是 $PM_{2.5}$ 的两大主要来源,除了:(1)第 1、2 和 6 组冬季居民源与工业源同样重要;(2)第 8 和 9 组春季 SOA 和露天焚烧源比工业源和居民源贡献更多。有 9 个城市群冬季的居民源贡献占比有所上升,这很可能与供暖活动有关(Xiao et al.,2015;Shi et al.,2017)。受东亚夏季和冬季季风风向的影响(Wen et al.,2016;Yan et al.,2011),沿海的第 8 和第 9 组城市群 $PM_{2.5}$ 污染天的来源贡献存在显著的季节性变化。在春季和夏季,东亚夏季风驱动空气由南向北输送,$PM_{2.5}$ 的浓度超过 50% 来自当地或者东南亚 SOA 和生物质燃烧源,工业源的贡献小于 20%。相反,在秋、冬季,东亚的冬季季风由北向南流动,中国大陆向南方的空气污染物输送增加了第 8 和第 9 组城市群的工业来源贡献(约 40%),而露天燃烧和 SOA 源的贡献占比小于 20%。除第 8 和第 9 组外,所有城市群沙尘排放对春季的 $PM_{2.5}$ 贡献皆较高,这是因为中国北方和西北地区的沙尘暴更容易在春季发生(Qian et al.,2004),而沿海的第 8 和第 9 组的城市群受其影响较轻。在四个季节 $PM_{2.5}$ 污染天的源贡献占比中,农业(<10%)、交通(<8%)、电厂(<15%)和海盐源(<1%)的贡献相对较稳定。

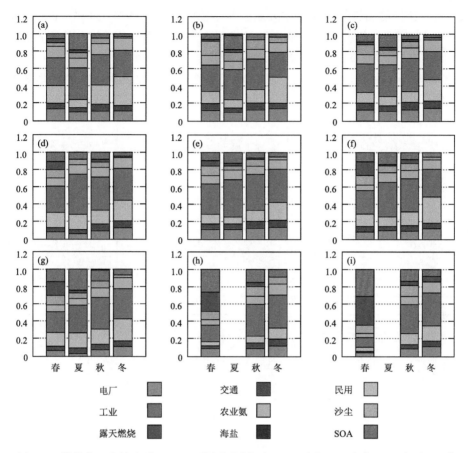

图 7.3　模拟的 9 个城市群(a—i),不同季节[春季(Sp)、夏季(S)、秋季(A)和冬季(W)]
PM$_{2.5}$ 污染天(PM$_{2.5}$ 日均浓度＞75 μg·m^{-3})各个来源的贡献占比

7.6　二次 PM$_{2.5}$ 对总 PM$_{2.5}$ 的贡献

由于二次 PM$_{2.5}$ 在所有城市 PM$_{2.5}$ 年均浓度中所占比例较大(47%～63%;见表 7.2),本章分析了每个城市二次 PM$_{2.5}$ 占总 PM$_{2.5}$ 日均浓度的比例。如图 7.4 所示,除第 6 和 9 组外,随着 PM$_{2.5}$ 日均浓度的增加,所有城市群中二次 PM$_{2.5}$ 占总 PM$_{2.5}$ 浓度比例的中位数有增加趋势。具体而言,在 PM$_{2.5}$ 浓度较低(＜50 μg·m^{-3})时,二次 PM$_{2.5}$ 在总 PM$_{2.5}$ 浓度中所占比例为 30%～50%;在 PM$_{2.5}$ 浓度较高时(＞100 μg·m^{-3})二次 PM$_{2.5}$ 占比可升高至大于 60%。对于第 6 和第 9 组城市群,PM$_{2.5}$ 日均浓度从 0 增加到 160 μg·m^{-3} 和 0～78 μg·m^{-3},二次 PM$_{2.5}$ 在总 PM$_{2.5}$ 浓度占比的中位数分别从 45% 增加到 60% 和从 50% 增加至 60%,但在 160～187 μg·m^{-3} 和 138～168 μg·m^{-3} 之间,中位数分别下降到了 45% 和 40%。进一步分析发现,在某些天发生的生物质燃烧和沙尘暴事件导致了第 6 和第 9 组城市群一次 PM$_{2.5}$ 占比增加,二次 PM$_{2.5}$ 占比下降。在 PM$_{2.5}$ 超高浓度的污染天中,二次 PM$_{2.5}$ 所占比例仍大于 60%。总体而言,本章结果揭示了二次 PM$_{2.5}$ 在 25 个城市 PM$_{2.5}$ 污染天和重度污染天中的重要性。

如图 7.5 所示,基于 2012 年 6 月至 2013 年 3 月收集的数据,模拟的二次 PM$_{2.5}$ 在总

PM$_{2.5}$浓度所占比例的趋势与在北京航天航空大学校园内观测到二次 PM$_{2.5}$占比的趋势一致（Wang et al.，2015a）。外场观测和模拟结果表明在灰霾期间二次 PM$_{2.5}$的所占比例范围是 50%～60%，且二次 PM$_{2.5}$所占比例随着 PM$_{2.5}$浓度的降低而降低（图 7.5 和图 7.4b）。尽管观测和模拟的时间不尽相同，但二次 PM$_{2.5}$所占比例的一致性证明该模型可以模拟出二次 PM$_{2.5}$的总体变化趋势。

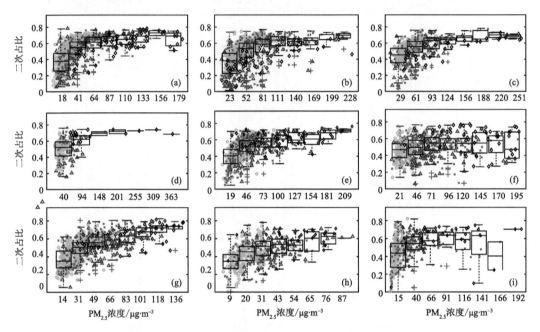

图 7.4　中国 25 个省会、直辖市的二次 PM$_{2.5}$（SPM）与 PM$_{2.5}$日均浓度的占比

(a)—(i)组分别代表 1—9 群组。箱线图是通过将总 PM$_{2.5}$分组到多个浓度值上计算得到的，用于更好的显示出二次 PM 的占比趋势。离群区间确定为上四分位数的 1.5 倍和下四分位数的 1.5 倍。蓝色△、绿色○、红色×、黑色◇分别代表春、夏、秋、冬的数据点，与图 7.1 一致。

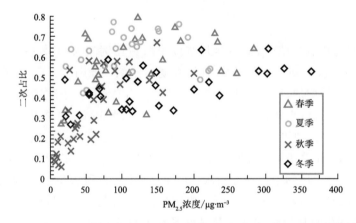

图 7.5　2012 年 6 月至 2013 年 3 月北京（北京航空航天大学校园）二次 PM$_{2.5}$观测浓度所占的比例

　　由于二次 PM$_{2.5}$对 PM$_{2.5}$污染天的重要贡献，本章进一步探讨二次 PM$_{2.5}$的来源构成。如表 7.2 所示，在 25 个城市的所有人为源中，与二次 PM$_{2.5}$相关的农业 NH$_3$ 和露天焚烧源的年

均贡献占比均相对较低（<10%）。由于上述原因,通过分析电厂,交通,居民和工业源对二次 PM$_{2.5}$的贡献,图 7.6 表明,随着 PM$_{2.5}$日均浓度从 0 增至 237 μg · m^{-3},二次 PM$_{2.5}$占总 PM$_{2.5}$浓度比例的四个来源(电厂,交通,居民和工业源)的中位数分别从 4.5% 增加至 13%,从 3% 增至 6.5%,从 1% 增至 6.5% 和从 10% 增至 22%。此外,如图 7.7 所示,随着四个来源的增加(电力源从 75% 增加到 88%,交通源从 50% 增加到 85%,居民源从 15% 增加至 30%,工业源从 40% 增加至 65%),二次 PM$_{2.5}$占总 PM$_{2.5}$浓度比例的中位数也随之发生变化。

以上结果表明:(1)二次 PM$_{2.5}$主要来自电力和交通源(>75%);(2)一次 PM$_{2.5}$主要来自居民源(>70%);(3)工业源对一次和二次 PM$_{2.5}$同样重要(各自在 40%~65% 范围内)。

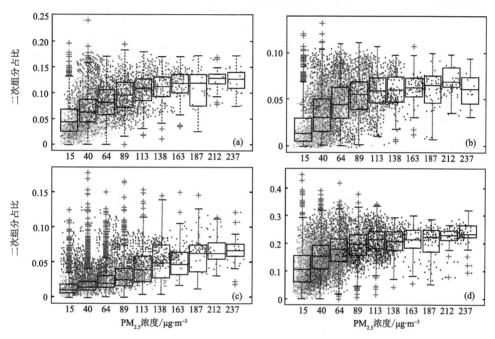

图 7.6　(a)电厂、(b)交通、(c)民用和(d)工业源对二次 PM$_{2.5}$贡献与 PM$_{2.5}$日均浓度的占比
（蓝点、绿点、红点和黑点分别代表春季、夏季,秋季和冬季的天数）

7.7　讨论

本章节讨论了 2013 年我国 25 个城市(省会城市和直辖市)PM$_{2.5}$日均浓度的来源贡献。分析的排放源包括工业、居民、交通、电厂、露天焚烧、扬尘、农业 NH$_3$、海盐和 SOA 源。尽管 9 个城市群位于不同区域,但 PM$_{2.5}$的最大贡献来源皆是工业源和居民源,贡献占比分别为 25%~38.6% 和 9.6%~29.4%。电厂、交通、居民和工业源对 PM$_{2.5}$日均浓度的贡献占比未体现明显的季节变化趋势。相比之下,由于气象条件、沙尘暴和农业活动的影响,沙尘、露天焚烧、海盐和 SOA 源的贡献呈现显著的季节变化趋势。因此,重点控制工业源和居民源的排放将是降低城市 PM$_{2.5}$年均浓度的有效措施。

对于所有城市群,二次 PM$_{2.5}$占总 PM$_{2.5}$的年均比例约为 47%~63%。随着 PM$_{2.5}$日均浓度的增加,二次 PM$_{2.5}$浓度的贡献比例也随之增加,在较高 PM$_{2.5}$浓度的污染天中,二次 PM$_{2.5}$

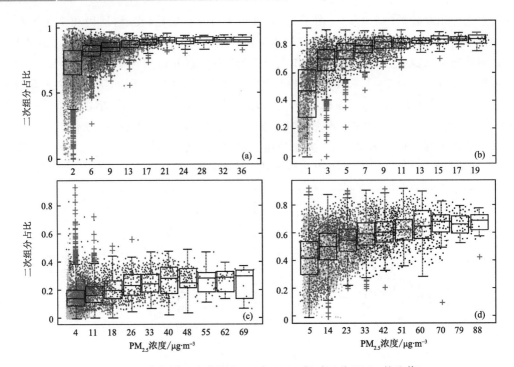

图 7.7　在相同一个来源中,二次 $PM_{2.5}$ 相对于总 $PM_{2.5}$ 的比值
(a)电厂;(b)交通;(c)民用;(d)工业源
(蓝点、绿点、红点和黑点分别代表春季、夏季、秋季和冬季的天数)

占比的均值为 $60\%\sim70\%$。二次 $PM_{2.5}$ 主要来自农业 NH_3 和 SOA 源,一次 $PM_{2.5}$ 主要来自沙尘和海盐源。随着 $PM_{2.5}$ 日均浓度的增加,电厂、交通、居民和工业源对一次 $PM_{2.5}$ 的贡献(中值)分别高达 88%,85%,30% 和 65%。上述结果表明,为有效降低我国城市 $PM_{2.5}$ 浓度,除控制一次 $PM_{2.5}$ 的排放之外,还应对二次 $PM_{2.5}$ 前体物进行减排。

在所有城市群的四个季节(除 8—9 组的春季外)中,$PM_{2.5}$ 污染天($PM_{2.5}$ 日均浓度>75 μg $\cdot$ m^{-3})和超高 $PM_{2.5}$ 污染天($PM_{2.5}$ 日均浓度>200 μg $\cdot$ m^{-3})均由工业源和居民源贡献主导。气候条件和农业活动导致在第 8 和第 9 组春季的 $PM_{2.5}$ 污染天中,露天焚烧和 SOA 源的贡献比工业和居民源更为重要。此外,扬尘源对春季沙尘天气 $PM_{2.5}$ 的贡献较突出。因此,为减少 25 个城市 $PM_{2.5}$ 污染天数,应首要考虑控制工业源和居民源,并在春季和夏季管控露天焚烧、沙尘和 SOA 源的排放。由于模型的输入数据和模拟的物理和化学过程都具有不确定性,有必要了解导致源解析结果不确定性的潜在因素。在源解析的模拟中,最大的不确定性来自排放源清单。许多研究指出,不同研究组对中国的排放估算在总排放量和各个行业排放量上都存在显著的差异(Saikawa et al.,2017;Hu J L et al.,2017b)。这可能会在浓度模拟以及源贡献估算中产生很大的不确定性(Hu J L et al.,2017b;Wang et al.,2018)。因此在未来的研究中,应重点关注协调和改进源排放的估算。另一个不确定性源自模型本身,由于二次 $PM_{2.5}$(硝酸盐、硫酸盐和 SOA)的形成机制较为复杂,模型模拟结果存在偏差(Zhang R Y et al.,2015)。二次 $PM_{2.5}$ 对总 $PM_{2.5}$ 有较高比例的贡献,因此溯源式空气质量模型模拟二次 $PM_{2.5}$ 的能力将影响源解析的评估,继续优化发展模型中这些复杂的过程需提上日程。

第 8 章

溯源式空气质量模型对 PM$_{2.5}$的区域输送贡献解析

前面章节利用溯源式空气质量模型估算了不同行业排放对中国 25 个城市 PM$_{2.5}$浓度的贡献。在气象条件作用下,空气污染物可在不同城市、地区甚至更远的区域之间传输。在不同区域间的传输称之为区域间传输,在同一区域内不同城市之间的传输称之为区域内传输,又称为城市间传输。而受地形和气象条件的影响,各城市之间大气污染物的相互传输可产生重要影响。研究城市之间的相互传输对空气质量的影响,建立污染浓度与传输距离的定量关系,将有助于区域协同空气污染控制策略的制定,为科学精准改善该区域的空气质量提供科学依据。因此,本章节主要介绍应用溯源式 CMAQ 模型研究 PM$_{2.5}$在长三角地区城市之间的传输,分析其在不同时段的传输规律,以探究传输和距离的关系对区域联防联控的启示。

8.1　模型介绍

8.1.1　模型说明

溯源式 CMAQ 模型中的相关配置已在第四章阐述过,下面简要介绍溯源式 CMAQ 模型的标识技术。

溯源式 CMAQ 模型通过气相化学、气溶胶化学和气-粒转化等过程分别追踪不同区域来源的空气颗粒物和形成二次颗粒物的前体物。具体原理如图 8.1 所示:图中显示了来自两个区域排放的 NO 形成硝酸盐的反应途径。分别标记两个地区的 NO 气体,区域一排放所产生的 NO 气体标记为 NO^s,区域二标记为 NO^v,从而确定不同区域来源的 NO 气体对硝酸盐生成的贡献。

本章对 SAPRC-99 光化学机理(Carter,2000)进行修改增加相关反应,从而标记来自不同区域的 NO$_x$和 SO$_2$的反应产物。改进的 SAPRC-99 机制中有 304 个气相物质和 2000 个气相反应,可以在单次模拟中同时跟踪多达 9 个排放源或区域源。

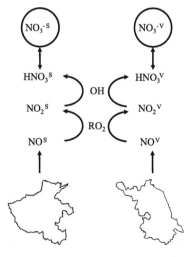

图 8.1　溯源式 CMAQ 模型区域输送原理

对气溶胶模块也进行了修改,从而使其能够包括其他区域来源的硝酸盐和硫酸盐的气溶胶标记物种,并与改进的 SAPRC－99 机制相关联,以便可以在气溶胶模块框架内,通过气粒分配正确模拟出从不同区域来源的二次硝酸盐和硫酸盐的形成、非均相和液相反应。

8.1.2 模型应用

本章中应用溯源式 CMAQ 模型进行两层嵌套模拟区域的模拟,最外层的模拟区域覆盖了整个东亚地区(包括了中国大部分区域,以及日本、韩国、朝鲜等),水平分辨率为 36 km×36 km,网格数为 137×107 个。第二层模拟区域包括中国东部(华北平原、长三角地区、和东南地区),分辨率为 12 km,网格数为 202×107 个。化学传输模型在垂直方向上均分为不等距 18 层粗网格,其中 8 层分布于 1 km 以下,分辨率较高以便更好地描述大气边界层结构,地面层高度约 35 m。气相化学反应机理为改进的 SAPRC99,气溶胶机理为 AERO6。本章模拟时段为 2018 年的全年,来探究传输在不同季节的特点,模型每次运行一个月,在每个月份提前 5 天运行模型,用于稳定模型从而减少初始条件及边界条件带来的误差。气象输入文件由 WRF 产生,为化学传输模型提供各种气象参数,本章中中国区域使用的排放清单是由清华大学张强团队开发的多尺度排放清单模型 MEIC 清单,网格分辨率为 0.25°,除中国以外的其他国家和区域人为排放源来自 REAS2,分辨率也是 0.25°(Kurokawa et al.,2013)。天然源排放清单使用天然源数据处理模型 MEGANv2.1(Model of Emissions of Gases and Aerosols from Nature)生成(Qiao et al.,2015a),生物质燃烧排放清单的原始数据来自 FINN(Fire Inventory from NCAR)(Wiedinmyer et al.,2011)。

8.2 不同城市 PM$_{2.5}$ 传输贡献

根据模型的输出结果(图 8.2),可以得到每个城市来自其他城市的贡献,为了更清楚的展示,本章将不同城市的输送本地贡献、长三角内部其他城市的贡献、长三角区域外的贡献。图 8.3 展示了长三角内 41 个城市来自不同区域的贡献。来自这三个区域的贡献在 2018 全年平均分别为 25.2%、32.3% 和 42.5%。其中 41 个城市来自本地的贡献为 13%～43%,本地贡献较低的三个城市从低到高分别为舟山(13.7%)、丽水(13.7%)和淮南(15.1%)。本地贡献较多的城市为从高到低分别为温州(43.1%)、宁波(40.8%)和苏州(39.0%)。来自长三角内其他城市的贡献超过 50% 的有十个城市,其中最高的为湖州(43.1%)、铜陵(43.1%)和镇江(43.1%),较低的为温州(26.6%)、徐州(27.8%)和连云港(19.6%)。来自长三角以外的贡献中有三个城市超过 50%,分别为舟山(52.1%)、连云港(51.6%)、徐州(50.9%)都位于长三角的边缘,由于地理位置,受来自长三角以外区域的影响较大。芜湖(18.7%)、马鞍山(19.5%)、铜陵(20.0%)受长三角以外的传输的影响较小,这些都位于长三角内部,受区域外的影响较小。

8.3 不同季节 PM$_{2.5}$ 传输贡献

在研究不同季节 PM$_{2.5}$ 传输贡献时,本章选取了长三角区域内的南京、上海、杭州、合肥和泰州五个主要城市进行讨论分析。图 8.4 显示了南京在 2018 年四个季节的 PM$_{2.5}$ 城市来源

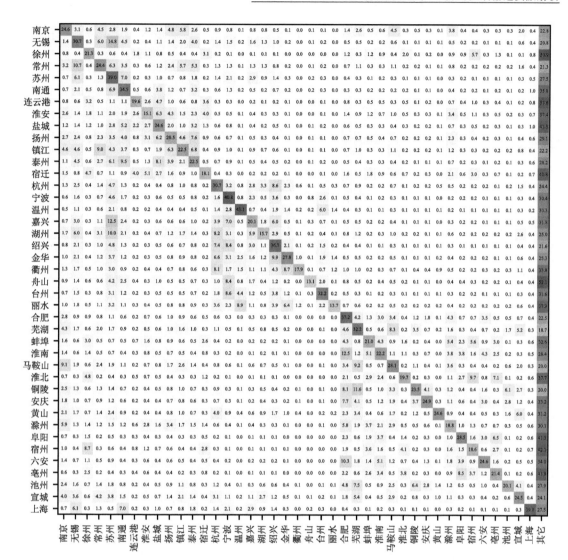

图 8.2　传输矩阵图

相对贡献。从年均来看南京全年所有时刻平均本地贡献为 24%，长三角区域外的贡献为 22%。其他城市中对南京贡献最大的为镇江，贡献百分比为 5%，然后是常州、扬州和马鞍山，贡献比例均为 4%。在春季，平均本地贡献为 24%，来自长三角区域外的贡献占 24%，和本地贡献相当。对南京 PM$_{2.5}$ 贡献最大的城市为马鞍山，占比为 6%，其次是常州、镇江、芜湖，相对贡献都为 4%。夏季南京本地贡献在四个季节中最高，为 29%，来自区域外的贡献占 12%，说明夏季南京受长三角以外地区的影响最少，这应该和长三角的地区的地理位置有关，在夏季长三角地区盛行东南风，而长三角的东南部是海洋，没有污染源，因此长三角在夏季受长三角以外影响较小。同时，夏季来自无锡（4%），常州（5%），苏州（4%），镇江（6%），芜湖（4%），马鞍山（6%）的贡献比年均较多，这些城市都位于南京的东南方向。秋季本地贡献为 28%，仅次于夏季。冬季本地贡献为全年最低，为 21%。来自长三角外的贡献较多，达 27%，高于其他季节。冬季长三角地区盛行西北风，上风向是污染较为严重的华北地区，给长三角地区带来含污

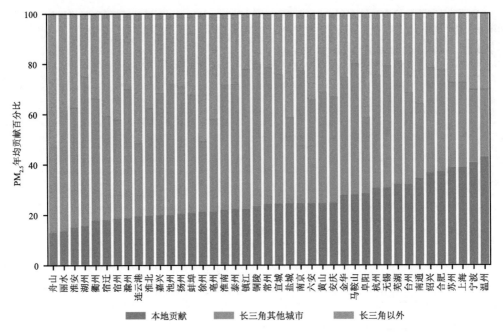

图 8.3　2018 年不同区域对长三角 41 个城市 PM$_{2.5}$的相对贡献

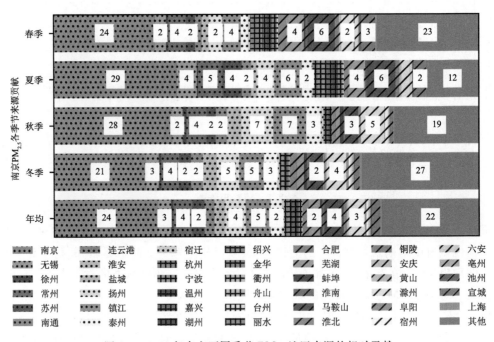

图 8.4　2018 年南京不同季节 PM$_{2.5}$地区来源的相对贡献

染物较高的气团。

　　图 8.5 显示了上海在 2018 年四个季节的 PM$_{2.5}$城市来源贡献。从年均来看上海全年所有时刻平均本地贡献为 38%，长三角区域外的贡献为 27%。来自本地的贡献高于其他城市。来自长三角内部的贡献中无锡和南通比例较高，分别为 6% 和 7%。其次是宁波和嘉兴，相对

贡献均为 2%。春冬季节本地贡献较少,春季为 34%,冬季为 37%,夏季和秋季本地贡献较多,其中夏季为 43%、秋季 46%。说明春冬季节受传输的影响较大,夏季和秋季影响较小。在秋季收到长三角以外区域的贡献在全年最低。上海 PM$_{2.5}$ 来自长三角内部的贡献中来自无锡和南通的比例较多,其中春夏季来自无锡和南通的比例比秋冬季节少。

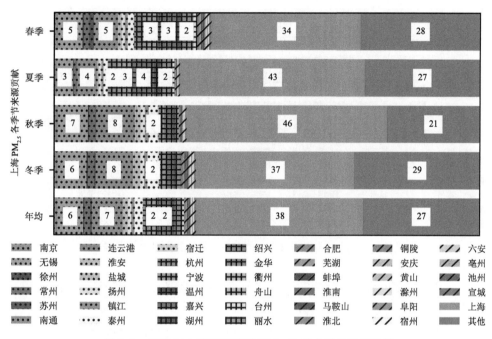

图 8.5　2018 年上海不同季节 PM$_{2.5}$ 地区来源的相对贡献

图 8.6 显示了 2018 年杭州不同季节 PM$_{2.5}$ 地区来源的相对贡献。从年均来看杭州市本地贡献占 30%,来自长三角区域外的贡献占 24%。除此之外,来自绍兴的贡献较大,全年平均贡献为 8%,除此之外的其他城市的贡献都在 5% 以下。在春季,本地年平均贡献低于其他季节,说明杭州春季 PM$_{2.5}$ 受传输的影响较大。夏季本地贡献最高,杭州夏季受传输的影响较小,主要是来自绍兴的贡献,占约 13%。杭州秋季的 PM$_{2.5}$ 贡献仅次于夏季,平均贡献率为 30%。冬季的贡献除本地和长三角以外,主要来自苏州和绍兴,贡献比例分别为 6% 和 7%。

图 8.7 显示了 2018 年不同时段合肥地区 PM$_{2.5}$ 的来源贡献,因合肥地处安徽省中部,主要受安徽省内城市的影响,来自浙江省所有城市的贡献的总和低于 2%。年均 PM$_{2.5}$ 本地贡献为 37%,合肥 PM$_{2.5}$ 本地贡献在夏季最高,为 45%,传输的贡献中区域外的贡献占 11%,来自芜湖的贡献占 6%。在来自安徽省的贡献中,相对贡献较大的为芜湖和马鞍山,都位于合肥市的东南方向。说明夏季合肥 PM$_{2.5}$ 受其东南方向的影响较大。秋季本地贡献平均为 40%,冬季合肥本地的贡献在四季最少,也就是说冬季受传输的影响较大,冬季本地贡献平均为 33%,来自长三角区域以外的贡献为 26%,在四个季节中最高。

通过对南京、上海、杭州和合肥四个城市不同季节 PM$_{2.5}$ 来源分析,四个城市年均本地贡献分别为 24%、38%、30% 和 37%,从季节上看,冬季受长三角以外地区影响较大,夏季受影响较小。

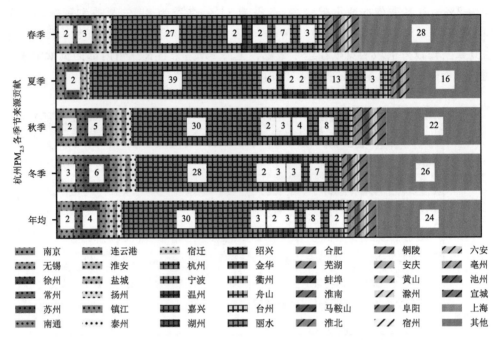

图 8.6　2018 年杭州不同季节 PM$_{2.5}$ 地区来源的相对贡献

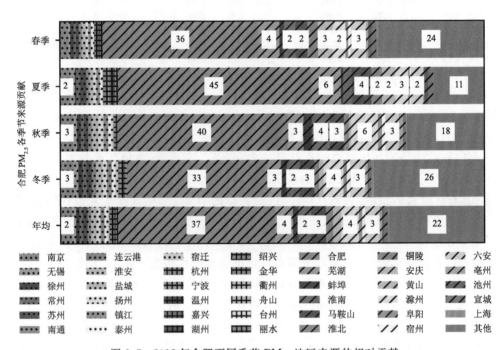

图 8.7　2018 年合肥不同季节 PM$_{2.5}$ 地区来源的相对贡献

8.4　不同 PM$_{2.5}$ 组分传输贡献

图 8.8 显示的是 2018 年南京 PM$_{2.5}$ 不同组分在全年以及四个季节的来源贡献。全年一

次颗粒物南京本地贡献占比为 32.9%，而二次颗粒物本地贡献占比仅为 11.9%，说明南京颗粒物污染的本地贡献的主要是一次颗粒物，要加强对一次颗粒物的防治。一次颗粒物中来自长三角以外的贡献为 13.6%，而二次颗粒物中来自长三角以外的贡献为 36.8%，说明二次颗粒物能传输更远的距离。

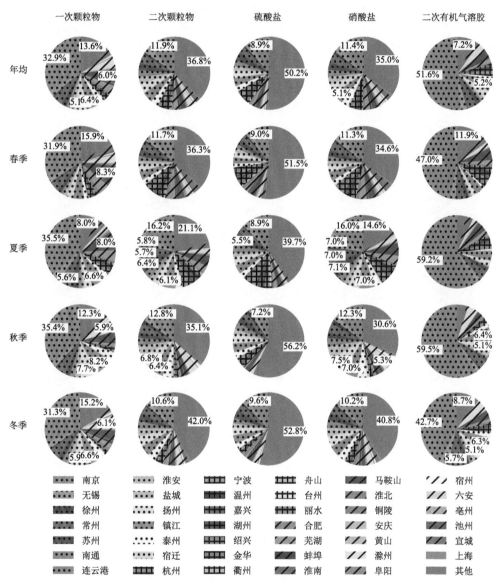

图 8.8　2018 年南京 PM$_{2.5}$ 不同组分的来源贡献

(a)一次颗粒物；(b)二次颗粒物；(c)硫酸盐；(d)硝酸盐；(e)二次有机气溶胶

硫酸盐和硝酸盐的本地贡献分别为 8.9% 和 11.4%，而二次有机气溶胶本地贡献比例为 51.6%，说明本地的 VOC 排放是南京二次有机气溶胶的主要来源。从季节变化来看，春冬季节一次颗粒物的本地贡献小于夏秋季，二次颗粒物的本地贡献在夏季最大，为 16.2%。来自长三角区域外的硫酸盐贡献在夏季较低为 39.7%，其他季节均高于 50%。硝酸盐的本地贡献在夏季最高,占比为16%。二次有机气溶胶的贡献中,同样是夏季和秋季本地贡献大,夏季和秋季分别为59.2%和59.5%,而春季和冬季分别为47%和42.7%,原因可能是夏季和秋季温度较高,是本地较多的VOC挥发进入到大气中。

图8.9显示的是上海市2018年不同PM₂.₅组分在全年以及四个季节的相对贡献。由图可知,上海一次颗粒物的贡献年均为48.8%,在秋季和夏季本地贡献较高,分别为51.5%和54.3%,春季和冬季分别为44.3%和48.5%,因此上海在夏季预防颗粒物污染,首先要控制本地一次颗粒物。二次颗粒物上海本地年均贡献为17.8%,小于一次颗粒物的本地贡献。夏季和秋季的二次颗粒物的本地贡献比其他两个季节高。硫酸盐的贡献年平均为15.6%,秋冬季节有更多的硫酸盐来自长三角以外的区域,比其他季节略高,可能和北方燃煤取暖有关。上海

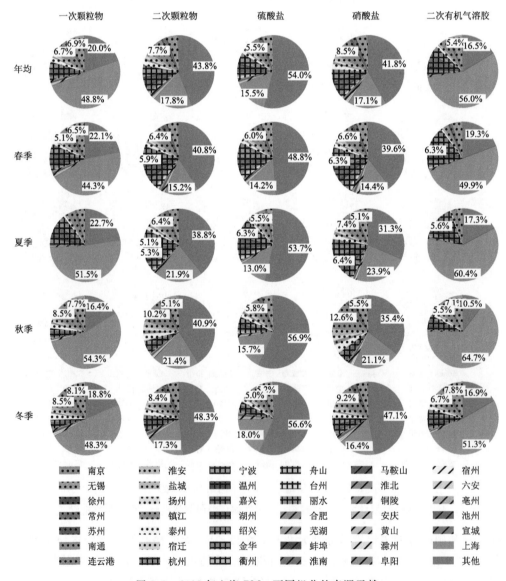

图 8.9 2018 年上海 PM₂.₅不同组分的来源贡献

(a)一次颗粒物;(b)二次颗粒物;(c)硫酸盐;(d)硝酸盐;(e)二次有机气溶胶

硝酸盐的本地贡献年均为 17.1%,在夏季和秋季本地贡献较高,春季和冬季硝酸盐的本地贡献较小。二次有机气溶胶的本地贡献为 56.0%,远大于硫酸盐和硝酸盐的本地贡献。同南京一样,在夏季和秋季本地生产的较多,超过 60%。

图 8.10 显示了 2018 年杭州 PM$_{2.5}$不同组分的来源贡献。杭州全年一次颗粒物和二次颗粒物的本地贡献分别为 38.3% 和 18.5%。同样地,在夏季,一次颗粒物和二次颗粒物本地贡献在四个季节中本地贡献最大。其中一次颗粒物中来自绍兴的贡献在夏季的贡献百分比为 14.8%,超过长三角以外地区的来源贡献。来自长三角以外的区域贡献占上海硫酸盐浓度的 49%,在夏季低于其他季节,约为 43.3%。硝酸盐的本地平均贡献为 18.2%,在夏季本地贡献最高,为 29.6%,其他季节均低于 20%。对二次有机气溶胶来说,年均本地贡献为 59.9%,远

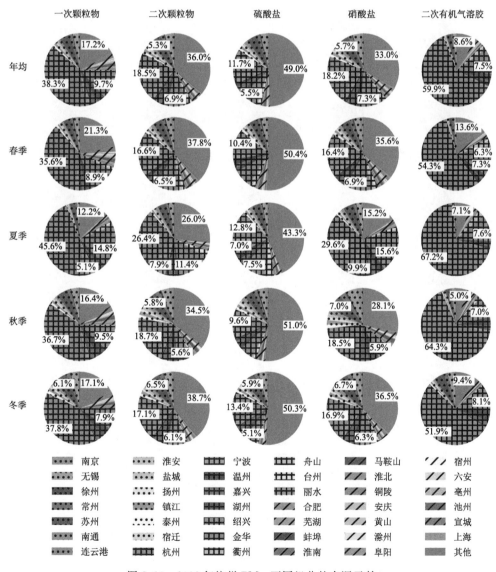

图 8.10　2018 年杭州 PM$_{2.5}$不同组分的来源贡献
(a)一次颗粒物;(b)二次颗粒物;(c)硫酸盐;(d)硝酸盐;(e)二次有机气溶胶

高于其他组分。并且在夏季和秋季本地贡献较大,分别为 67.2% 和 64.3%,而在春季和冬季分别为 54.3% 和 51.9%。

图 8.11 显示了 2018 年合肥 PM$_{2.5}$ 不同组分的来源贡献。合肥年均一次颗粒物本地贡献超过 50%,大于其他四个城市,夏季可达 53.9%。而二次颗粒物合肥本地贡献仅为 16.4%,在夏季最高为 25.6%,冬季最低为 14.2%。硫酸盐本地年均贡献为 13.2%,冬季偏高,本地贡献比例为 16%,秋季最低仅为 8.9%。合肥本地硝酸盐的贡献年均为 16.1%,夏季明显偏高,为 28.2%,其他季节都在 20% 以下。二次有机气溶胶方面,本地年均贡献为 52.8%,春夏秋三季均超过 50%,其中夏季本地贡献为 59.9%。冬季本地贡献在四季中最少,为 44.2%。

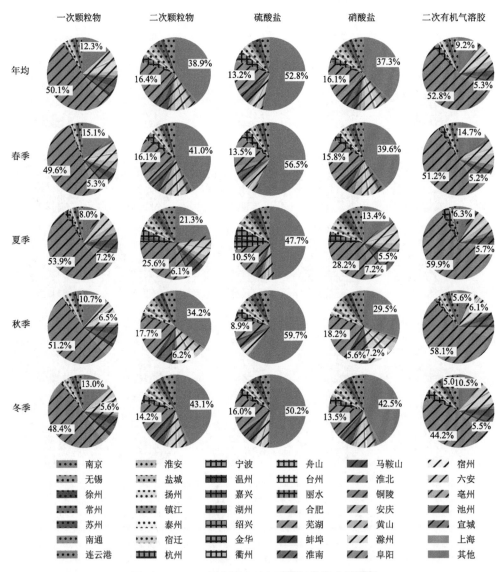

图 8.11　2018 年合肥 PM$_{2.5}$ 不同组分的来源贡献
(a)一次颗粒物;(b)二次颗粒物;(c)硫酸盐;(d)硝酸盐;(e)二次有机气溶胶

通过对南京、上海、杭州和合肥四个城市不同季节 PM$_{2.5}$ 组分的来源分析,显示,长三角内 PM$_{2.5}$ 不同组分的来源差异较大。四个城市一次 PM$_{2.5}$ 的本地贡献分别为 32.9％、48.5％、38.3％ 和 50.1％,而二次 PM$_{2.5}$ 的本地贡献分别为 11.9％、17.8％、18.5％ 和 16.4％,本地贡献明显小于一次 PM$_{2.5}$,说明控制 PM$_{2.5}$ 的首要任务是控制本地的一次 PM$_{2.5}$。四个城市中硫酸盐的本地贡献为 7.8％～15.5％,硝酸盐为 9.1％～18.2％,二次有机气溶胶为 43.2％～59.9％。二次有机气溶胶的本地贡献远大于二次无机气溶胶。这些结果表明,本地和附近城市的 VOC 排放控制可以有效降低 SOA 浓度,但是减少硫酸盐和硝酸盐的含量将需要在更大的区域内控制 SO$_2$ 和 NO$_x$ 排放。

8.5　污染天和非污染天的传输贡献

在探究长三角地区污染天和非污染的传输相对贡献时,本章选择了四个城市进行对比。图 8.12 显示了 2018 年四个城市在污染天和清洁天 PM$_{2.5}$ 地区来源的相对贡献。对南京来说,污染天和非污染天本地贡献分别为 21％ 和 26％,污染天的本地贡献较少,比非污染天少 5％,在污染时段来自长三角以外地区的贡献比非污染天多 3％。夏季南京本地贡献在四个季节中最高,为 29％,说明夏季长三角对南京的传输贡献较低。在污染天,来自苏州的贡献比非污染天多 10％,来自无锡的贡献多 4％。

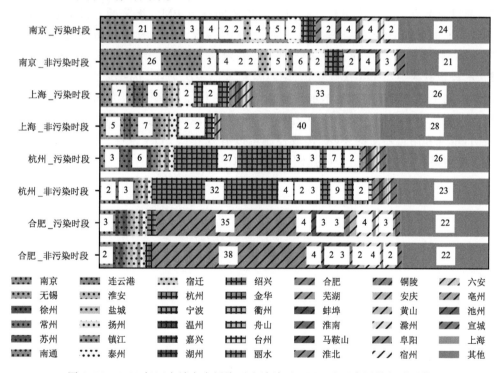

图 8.12　2018 年四个城市在污染天和清洁天 PM$_{2.5}$ 地区来源的相对贡献

上海污染天和非污染天本地贡献分别为 33％ 和 40％,污染期间来自本地的贡献比非污染时段少 7％,说明上海在污染发生时,来自长三角内部的贡献增加。来自长三角外的贡献污染期间比非污染期间少 2％。对杭州来说,本地贡献在污染期间比非污染期间减少了 5％,来自江苏省的贡献增加,其中,在污染期间来自苏州的贡献比非污染期间多 3%。在污染期间,来自长三角以外的贡献比清洁天增加,清洁天为 21%,污染天为 37%,说明秋季杭州 $PM_{2.5}$ 受长三角以外地区影响较大。在合肥,污染天和非污染天本地贡献分别为 35% 和 38%,本地贡献相对减少较少。污染期间本地贡献比非污染期间少 3%,来自其他区域的贡献差别不大。对泰州来说,污染天相对于非污染天减少 4%,污染时段内来自安徽省内的贡献增加。

8.6 本章小结

本章使用溯源式 CMAQ 模型,对长三角 2018 年全年的空气质量进行了模拟,通过追踪长三角内 41 个城市的排放,解析出长三角污染物传输的季节特征、不同组分的来源贡献,并为 $PM_{2.5}$ 区域协同防控提出见解。主要有如下结论:

(1)将长三角内 41 个城市分为本地、长三角内其他城市和长三角外地区。对于 $PM_{2.5}$ 来自本地的贡献为 13%~43%,所有城市全年本地贡献、长三角内其他城市贡献和长三角城市以外贡献的比例平均分别为 25.2%、32.3% 和 42.5%。

(2)通过对南京、上海、杭州和合肥四个城市不同时段 $PM_{2.5}$ 来源分析,四个城市年均本地贡献分别为 24%、38%、30% 和 37%。当发生污染时,本地贡献减少,来自长三角内其他城市的贡献增加。从季节上看,夏秋两季本地贡献较多,春冬季节传输较强。

(3)通过对南京、上海、杭州和合肥四个城市不同季节 $PM_{2.5}$ 组分的来源分析,显示,长三角内 $PM_{2.5}$ 不同组分的来源差异较大。四个城市一次 $PM_{2.5}$ 的本地贡献分别为 32.9%、48.5%、38.3% 和 50.1%,而二次颗粒物的本地贡献分别为 11.9%、17.8%、18.5% 和 16.4%,本地贡献明显小于一次颗粒物,说明控制本地一次 $PM_{2.5}$ 的排放对本地 $PM_{2.5}$ 浓度有一定效果。四个城市中硫酸盐的本地贡献为 7.8%~15.5%,硝酸盐为 9.1%~18.2%,二次有机气溶胶为 43.2%~59.9%。二次有机气溶胶的本地贡献远大于二次无机气溶胶。这些结果表明,本地和附近城市的 VOC 排放控制可以有效降低 SOA 浓度,但是减少硫酸盐和硝酸盐的含量将需要在更大的区域内控制 SO_2 和 NO_x 排放。

溯源式空气质量模型对我国大气能见度降低的来源解析

能见度是反映大气透明度的标志,指的是人眼所能清楚地看见远方物体的视觉距离。能见度是一个保障交通安全的重要自然因素。清洁大气的能见度仅受气体分子光散射(瑞利散射)的影响,其能见度可达 300 km 左右。在受污染地区,人为产生的气态和颗粒态污染物会进行散射和吸收光线从而导致能见度明显下降。其中,由颗粒物引起的光散射是导致大多数地区能见度降低的主要原因(Hyslop,2009)。

中国所遭受霾污染的特点是由高浓度 $PM_{2.5}$ 导致的较低能见度。研究表明中国城市和区域的能见度呈现下降趋势(Chang et al. ,2009;Che et al. ,2009;Hu Y et al. ,2017;Li et al. ,2016a;Deng et al. ,2014;Cheng et al. ,2013)。能见度下降对交通运输、经济生产和人民生活造成了严重的负面影响。因此,中国急需制定排放控制计划,以提高能见度。

通过控制排放来制定改善能见度的计划第一步是了解不同来源对能见度下降的贡献。先前的研究表明,光吸收最重要的来源是气相二氧化氮和颗粒相元素碳(Trijonis,1984),而光散射的主要来源与铵盐、硫酸盐、有机碳和硝酸盐有关(Malm et al. ,1994)。此外,长期数据的统计分析表明,能见度与环境空气的相对湿度之间存在显著的相关性(Deng et al. ,2011;Xiao et al. ,2011)。

在一些研究中,中国能见度的来源贡献使用了基于受体模型的方法(Tao et al. ,2014b;Cao et al. ,2012b;Wang et al. ,2013)。这些研究主要集中在少数大城市,如中国的成都和西安。

前面章节介绍了溯源式空气质量模型解析不同来源对一次颗粒物(Hu J L et al. ,2015a)、二次无机颗粒物(即铵盐、硫酸盐和硝酸盐)(Shi et al. ,2017)和二次有机颗粒物(Wang et al. ,2018)等的贡献。在此基础上,本章进一步确定了不同源对能见度下降的贡献。本章对模型模拟的消光系数(b_{ext})与根据观测的能见范围数据计算得到的消光系数进行评估。使用溯源式空气质量模型模拟 $PM_{2.5}$ 各组分的来源,量化不同组分对消光系数的贡献。

9.1　模型介绍

9.1.1　溯源式空气质量模型

本章所采用的溯源式空气质量模型是基于 CMAQ v5.0.1 开发的。前面章节曾详细描述了溯源式空气质量模型的特征和算法并且对原始空气质量模型进行了一些更新，其中包括二次无机气溶胶（即硫酸盐和硝酸盐）和二次有机气溶胶的多相形成途径。用溯源式空气质量模型来模拟水平分辨率为 36 km× 36 km 的中国 2013 年全年的空气质量状况。中国污染物的人为源排放基于清华大学开发（http://www. meicmodel. org）的中国多尺度排放清单模型（MEIC），其他国家人为排放均基于亚洲区域大气污染物排放清单第二版（REAS2）（Kurokawa et al. ，2013）。生物源排放使用来自自然界气体和气溶胶排放模型（MEGAN v2.1）生成。气象条件用气象研究与预报模型（WRF v3.6.1）来模拟生成。CMAQ、MEGAN 和 WRF 模型的详细模型配置以及其他输入如初始条件和边界条件的描述均在前文中有所阐述，因此在此不再重复。

前面章节比较了模型 $PM_{2.5}$ 总质量和各个组分（元素碳、有机碳、硫酸盐、硝酸盐和铵盐）的模拟值与中国不同地区的几个观测站点的观测值。总的来说，模型捕捉到了观测值的时空变化，并与多个站点的观测结果显示出良好的一致性。溯源式空气质量模型的评估工作为进一步研究估算不同来源对不同细颗粒物组分的贡献（Shi et al. ，2017），以及本章中探索能见度下降的来源解析奠定了信心。

9.1.2　消光系数的评估

大气中的能见度下降主要是由于气态和颗粒态污染物引起的光的散射和吸收造成的。通常使用消光系数（b_{ext}，单位：km^{-1}）来量化大气中光的衰减。在大气中，消光系数通常被分解为与气态和颗粒态相关的散射和吸收：

$$b_{ext} = b_{ag} + b_{sg} + b_{ap} + b_{sp} \qquad (9.1)$$

式中，b_{ag} 为主要由二氧化氮引起的气体的吸收系数；b_{sg} 为由清洁空气引起的瑞利散射系数；b_{ap} 为由于颗粒物引起的吸收系数（主要由元素碳）；b_{sp} 为由颗粒物引起的散射系数（Seinfeld and Pandis，1998）。

在相对湿度较高的条件下，硫酸盐和硝酸盐等吸湿性颗粒组分可以生长成对光散射更有效的尺寸（Watson，2002）。根据 Pitchford 等人（2007）的描述，这一增长近似表现为：

$$b_{sp,wet} = f(RH) \times b_{sp,dry} \qquad (9.2)$$

式中，$b_{sp,wet}$ 为湿散射系数；$f(RH)$ 为吸湿增长函数；$b_{sp,dry}$ 为在相对湿度小于 60% 时用浊度计测得的干散射系数。本章使用 Malm 等人（2003）得出的 $f(RH)$ 曲线。此外，还使用了在北京获得的 $f(RH)$ 进行比较（Yan et al. ，2009），更多细节在 9.3 节提供。

吸收系数是通过质量消光效率（10 $m^2 \cdot g^{-1}$）乘以元素碳（EC）浓度来近似计算得到（Chow et al. ，2010；Pitchford et al. ，2007；Watson，2002）：

$$b_{ap}(km^{-1}) = 10(m^2 \cdot g^{-1}) \times [EC](\mu g \cdot m^{-2}) \times 0.001 \qquad (9.3)$$

通过使用 Pitchford 等人（2007）提出的吸收效率来估计二氧化氮气体的吸收（b_{ag}）：

$$b_{ag}(km^{-1}) = 0.00033 \times [NO_2](ppb) \qquad (9.4)$$

瑞利散射系数（b_{sg}）假设为海平面上 0.01 km^{-1} 的常数（Watson，2002）。

在本研究中，使用两种方法来估算消光系数。在第一种方法中使用的原始 IMPROVE 算法采用以下形式，其中括号中表示颗粒物组分浓度（Malm，2000）：

$$b_{ext} \approx 0.003 \times f(RH) \times [Sulfate] + 0.003 \times f(RH) \times [Nitrate] +$$
$$0.004 \times [Organic\ Mass] + 0.01 \times [EC] +$$

$$0.001 \times [\text{Fine Soil}] + 0.0006 \times [\text{Coarse Mass}] + 0.01 \tag{9.5}$$

在第二种方法中使用修正的 IMPROVE 化学消光方程(Pitchford et al.,2007):

$$
\begin{aligned}
b_{\text{ext}} \approx{} & 0.0022 \times f_s(\text{RH}) \times [\text{Small Sulfate}] + 0.0048 \times f_l(\text{RH}) \times [\text{Large Sulfate}] \\
& + 0.0024 \times f_s(\text{RH}) \times [\text{Small Nitrate}] + 0.0051 \times f_l(\text{RH}) \times [\text{Large Nitrate}] \\
& + 0.0028 \times [\text{Small Organic Mass}] + 0.0061 \times [\text{Large Organic Mass}] \\
& + 0.01 \times [\text{Elemental Carbon}] + 0.001 \times [\text{Soil dust}] + 0.0017 \times f_{ss}(\text{RH}) \times (\text{Sea Salt}) \\
& + 0.0006 \times [\text{Coarse Mass}] + \text{Rayleigh Scattering}(\text{Site Specific}) + 0.00033 \times [\text{NO}_2]
\end{aligned}
\tag{9.6}
$$

式中,$f_l(\text{RH})$ 和 $f_s(\text{RH})$ 分别为大、小尺寸硫酸盐和硝酸盐的生长函数。大、小尺寸硫酸盐分别指通过干燥和含水机制所形成的微粒(John et al.,1990),并由 IMPROVE 方程定义为:

$$[\text{Large Sulfate}] = \frac{[\text{Total Sulfate}]^2}{20}, \text{当}[\text{Total Sulfate}] < 20(\mu g \cdot m^{-3}) \tag{9.7}$$

$$[\text{Large Sulfate}] = [\text{Total Sulfate}], \text{当}[\text{Total Sulfate}] \geq 20(\mu g \cdot m^{-3}) \tag{9.8}$$

$$[\text{Small Sulfate}] = [\text{Total Sulfate}] - [\text{Large Sulfate}] \tag{9.9}$$

使用相同的方法将总硝酸盐和有机物(OM)浓度分离成大尺寸和小尺寸两个部分。有机物的估算是将有机碳的浓度乘以 1.6,这适用于城市气溶胶(Turpin and Lim,2001)。根据 Fe 含量的全球地壳丰度为 3.5%,估算土壤的组分(Taylor,1985):

$$[\text{Soil dust}] = \frac{1}{0.035} \times [\text{Fe}] = 28.57 \times [\text{Fe}] \tag{9.10}$$

该计算假设 Fe 全部来自土壤沙尘。在全球范围内,沙尘中铁含量占全球大气铁循环的95%,而人为气溶胶中 Fe 含量仅占全球大气铁循环的 5%(Jickells et al.,2005;Luo et al.,2008)。应当注意的是,公式(9.10)可能高估沙尘浓度,特别是在对 Fe 的人为源贡献可能更高的城市地区。

9.1.3　观测的消光系数

根据 Koschmieder 公式,将一年外场观测数据中的每小时可视范围的测量值和长期气象数据中的瞬时能见度的观测值转换为消光系数(Larson and Cass,1989):

$$b_{\text{ext}} = \frac{2.996}{VR} \tag{9.11}$$

式中,b_{ext} 为消光系数,单位:km^{-1};VR 为能见度,单位 km。根据世界气象组织观测手册的建议,对比阈值选择为 0.05,因此使用的系数为 2.996(WMO,2008)。每日可视范围数据从中国气象局国家气候数据中心(NCDC)下载(ftp://ftp.ncdc.noaa.gov/pub/data/noaa/)。

9.2　消光系数的模拟评估

表 9.1 所示为中国 59 个城市消光系数的统计参数。计算了两种方法消光系数模拟值的平均观测值(MO)、平均模拟值(MP)、平均分数偏差(MFB)和平均分数误差(MFE)。MFB 和MFE 的计算方法如表 2.2。

表 9.1　中国 59 个城市消光系数模拟值的模型性能

城市	方法一				方法二			
	MO	MP	MFB	MFE	MO	MP	MFB	MFE
保定	0.29	0.44	0.11	0.53	0.29	0.64	0.36	0.69
北京	0.29	0.31	−0.07	0.41	0.29	0.45	0.17	0.53
沧州	0.28	0.38	0.02	0.49	0.28	0.56	0.31	0.62
长春	0.27	0.33	−0.17	0.59	0.27	0.48	0.05	0.7
长沙	0.24	0.73	0.81	0.84	0.24	1.04	1.02	1.04
承德	0.15	0.22	0.07	0.54	0.15	0.31	0.26	0.68
成都	0.3	0.46	0.26	0.44	0.3	0.67	0.55	0.67
重庆	0.53	0.56	−0.15	0.46	0.53	0.78	0.13	0.49
大连	0.22	0.21	−0.28	0.54	0.22	0.29	−0.07	0.6
福州	0.2	0.13	−0.51	0.63	0.2	0.16	−0.4	0.63
广州	0.2	0.24	0.07	0.42	0.2	0.29	0.19	0.48
贵阳	0.24	0.41	0.1	0.61	0.24	0.55	0.27	0.76
哈尔滨	0.23	0.49	0.4	0.66	0.23	0.7	0.64	0.87
海口	0.15	0.14	−0.31	0.61	0.15	0.18	−0.24	0.69
邯郸	0.39	0.62	0.16	0.44	0.39	0.92	0.49	0.63
杭州	0.55	0.38	−0.32	0.48	0.55	0.56	−0.02	0.43
合肥	0.41	0.54	0.07	0.44	0.41	0.78	0.36	0.59
衡水	0.25	0.47	0.31	0.53	0.25	0.69	0.6	0.74
淮安	0.61	0.41	−0.44	0.58	0.61	0.59	−0.16	0.53
呼和浩特	0.19	0.2	−0.17	0.63	0.19	0.27	−0.02	0.71
湖州	0.44	0.33	−0.36	0.49	0.44	0.46	−0.11	0.48
嘉兴	0.27	0.3	0.03	0.44	0.27	0.42	0.27	0.6
济南	0.24	0.4	0.31	0.52	0.24	0.61	0.6	0.74
金华	0.28	0.17	−0.66	0.73	0.28	0.25	−0.46	0.71
昆明	0.19	0.18	−0.3	0.65	0.19	0.24	−0.16	0.74
廊坊	0.36	0.41	−0.1	0.5	0.36	0.59	0.18	0.59
兰州	0.21	0.12	−0.66	0.72	0.21	0.16	−0.52	0.72
拉萨	0.1	0.02	−1.32	1.32	0.1	0.02	−1.34	1.34
连云港	0.39	0.34	−0.23	0.52	0.39	0.49	0.02	0.57
丽水	0.3	0.14	−0.9	0.95	0.3	0.19	−0.75	0.89
南昌	0.32	0.29	−0.32	0.49	0.32	0.41	−0.08	0.55
南京	0.37	0.41	−0.04	0.4	0.37	0.61	0.27	0.53
南宁	0.21	0.25	−0.02	0.45	0.21	0.33	0.13	0.57
南通	0.45	0.46	−0.03	0.4	0.45	0.65	0.24	0.5
青岛	0.31	0.38	0	0.49	0.31	0.55	0.28	0.62

续表

城市	方法一				方法二			
	MO	MP	MFB	MFE	MO	MP	MFB	MFE
秦皇岛	0.23	0.4	0.21	0.59	0.23	0.54	0.41	0.73
衢州	0.36	0.22	−0.64	0.72	0.36	0.3	−0.45	0.68
上海	0.23	0.31	0.23	0.42	0.23	0.44	0.48	0.6
绍兴	0.26	0.22	−0.32	0.5	0.26	0.31	−0.13	0.54
沈阳	0.23	0.47	0.27	0.63	0.23	0.69	0.49	0.78
石家庄	0.32	0.42	−0.04	0.52	0.32	0.63	0.24	0.66
宿迁	0.38	0.38	−0.12	0.44	0.38	0.56	0.16	0.53
苏州	0.31	0.26	−0.3	0.47	0.31	0.37	−0.04	0.46
太原	0.24	0.28	0.02	0.38	0.24	0.4	0.26	0.51
台州市	0.35	0.43	0.09	0.42	0.35	0.62	0.37	0.59
泰州	0.3	0.25	−0.2	0.34	0.3	0.37	0.11	0.44
唐山	0.3	0.43	0.19	0.45	0.3	0.63	0.48	0.64
天津	0.32	0.4	0.02	0.49	0.32	0.59	0.31	0.61
温州	0.24	0.13	−0.78	0.85	0.24	0.16	−0.68	0.82
武汉	0.28	1.03	0.87	0.91	0.28	1.4	1.08	1.1
乌鲁木齐	0.13	0.16	−0.32	0.72	0.13	0.18	−0.28	0.74
无锡	0.41	0.31	−0.37	0.47	0.41	0.45	−0.09	0.46
西安	0.26	0.36	0.05	0.46	0.26	0.52	0.3	0.59
西宁	0.14	0.11	−0.4	0.55	0.14	0.13	−0.31	0.6
徐州	0.35	0.49	0.16	0.47	0.35	0.74	0.47	0.65
扬州	0.33	0.36	−0.05	0.41	0.33	0.54	0.24	0.55
银川	0.21	0.08	−0.9	0.94	0.21	0.1	−0.82	0.92
郑州	0.62	0.49	−0.24	0.52	0.62	0.75	0.1	0.49
珠海	0.26	0.16	−0.6	0.71	0.26	0.2	−0.51	0.7

注：MO 为平均观测值；MP 为平均模拟值；MFB 为平均分数偏差；MFE 为平均分数误差。

Boylan 和 Russell(2006)提供了模拟能见度的标准，即 MFB 在 ±0.6 内且 MFE<0.75，则被认为是可以接受的。在 59 个城市中的 50 个城市中，使用两种方法计算的消光系数的 MFB 和 MFE 的值符合标准。总的来说，在大多数城市使用第二种方法的结果略好于第一种方法。第一种方法中 MFB 和 MFE 不符合标准的九个城市是长沙、拉萨、丽水、温州、武汉、银川、金华、兰州和衢州，第二种方法中不符合标准的是长沙、拉萨、丽水、温州、武汉、银川、贵阳、哈尔滨和沈阳。这些城市 PM$_{2.5}$ 浓度的模拟值在很大程度上与观测结果存在偏差(图 9.1)，因此导致模拟的消光系数存在很大的偏差。

图 9.2 显示了两种方法在不同季节和全年的 MFB 和 MFE。两种方法在春季、夏季、秋季和全年的 MFB 均为负值，这意味模型在这些情况下对消光系数的模拟存在低估。这与 PM$_{2.5}$ 在春季、夏季和秋季的低估一致，如图 9.3 所示。冬季 MFB 为正，表明模型对冬季消光系数

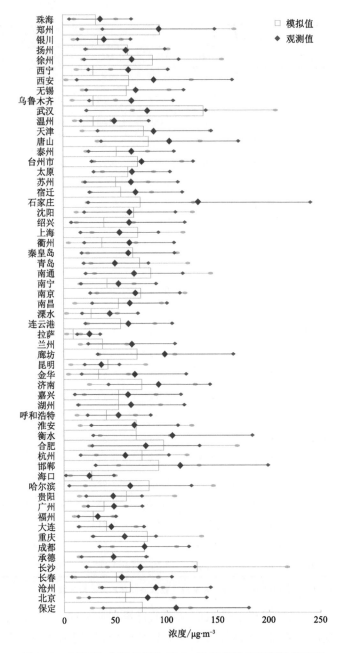

图 9.1　中国 59 个城市年均 PM$_{2.5}$ 浓度模拟和观测浓度对比

的模拟高估。一般而言,MFB 范围在 $-0.29 \sim 0.56$,均符合性能标准;除冬季外(MFE 值为 0.84),MFE 均符合 0.75 的标准。

　　图 9.4 显示了中国北京、重庆、广州、上海和西安五个特大城市消光系数逐日观测和模拟的时间序列图。五个城市分别是中国华北平原、长江三角洲、珠江三角洲、关中平原和四川盆地的经济和交通中心。这五个地区是人口最多的地区,也是中国空气污染问题最严重的地区(Hu J L et al.,2015a)。图 9.4 中的每个数据点表示观测到的日均消光系数,线表示使用两

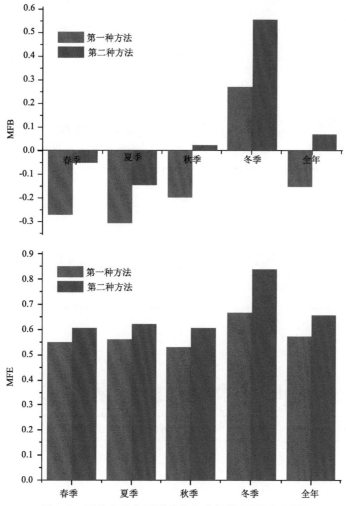

图 9.2　两种方法在不同季节和全年的 MFB 和 MFE

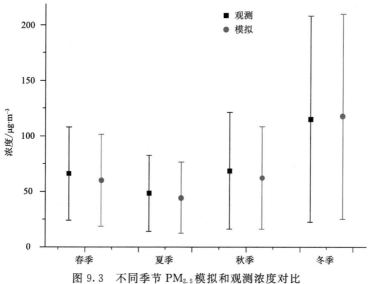

图 9.3　不同季节 $PM_{2.5}$ 模拟和观测浓度对比

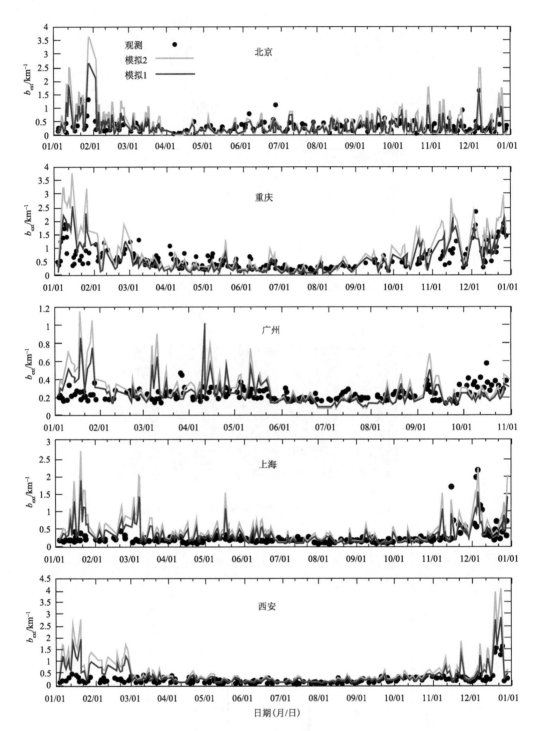

图 9.4　中国五个主要城市（北京、重庆、广州、上海和西安）消光系数（b_{ext}）的观测值
和模拟值的时间序列图

（图中的每个数据点表示观测到的日均 b_{ext}；线表示使用两种方法模拟的日均 b_{ext}）

种方法模拟的日均消光系数。使用这两种方法得到的模拟消光系数的日均值在这五个城市春季、夏季和秋季与观测结果基本一致。使用第一种方法得到的五个城市的 MFB 分别为 -0.07、-0.15、0.07、0.23 和 0.05,用第二种方法是得到的 MFB 分别为 0.17、0.13、0.19、0.48 和 0.3。五个城市使用两种方法模拟得到的冬季日均消光系数大于观测,与图 9.2 的结果一致。第二种方法得到的消光系数略大于第一种方法。通过第二种方法计算得到的消光系数将用于本章的其余分析。

9.3　不同组分对消光系数的贡献

如公式(9.1)所示,消光系数由四个分量组成,即 b_{ag}(气体吸收系数),b_{sg}(瑞利散射系数),b_{ap}(吸收系数)和 b_{sp}(散射系数)。图 9.5 所示为图 9.4 的五个主要城市这四个分量对消光系数的相对贡献。b_{sp} 在所有五个城市中具有最大的相对贡献,大约超过 90%。b_{ap} 是次重要因素,约占消光系数的 8%。b_{ag} 和 b_{sg} 的贡献非常小,大多都小于 2%。由于气态污染物的影响可以忽略不计,因此在下面的消光系数源解析分析中只考虑 $b_{ap}+b_{sp}$。

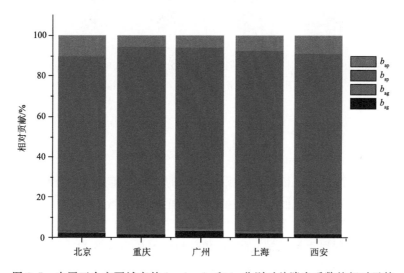

图 9.5　中国五个主要城市的 b_{ag},b_{sg},b_{ap} 和 b_{sp} 分别对总消光系数的相对贡献

图 9.6 显示了五个城市中不同颗粒组分对 $b_{ap}+b_{sp}$ 的季节和年均贡献。根据与它们相关的 $f(RH)$ 函数,水蒸气对能见度的贡献归因于颗粒物组分(即硫酸盐,硝酸盐,海盐等)。除北京外,$b_{ap}+b_{sp}$ 表现出相似的季节变化,冬季达到最高值,夏季降至最低值。北京春季的消光系数最低。重庆、广州、上海和西安硫酸盐的年均贡献最大,分别占 48.7%、55.7%、47.9% 和 32.3%;北京、重庆和上海硝酸盐的贡献(16.1%~34.2%),以及广州和西安有机物(14.0%~28.5%)的贡献次之。元素碳同样也很重要,在五个城市中占 4.8%~9.3%。不同组分具有不同的季节变化。在北京、广州、上海和西安,硫酸盐在夏季的贡献大于春、秋、冬季。硝酸盐在夏季的贡献相对小于春、秋、冬季。有机物的贡献从春季到夏季和秋季到冬季增加,但在北京、重庆、上海和西安从夏季到秋季减少,这种趋势在广州相反。

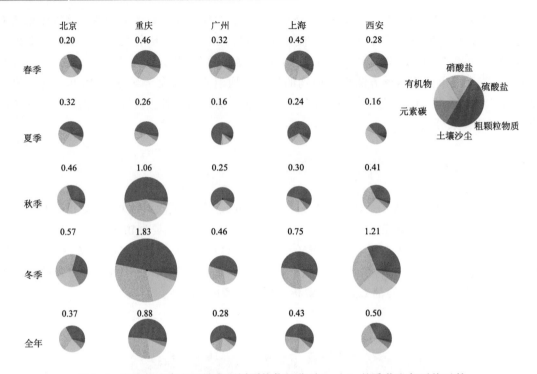

图 9.6 在中国五个主要城市不同颗粒物组分对 $b_{ap}+b_{sp}$ 的季节和年平均贡献
（每个饼图上方的数字代表 b_{ap} 与 b_{sp} 之和，单位：km^{-1}）

9.4 不同来源对消光系数的贡献

图 9.7 显示了 5 个主要城市不同源对 $b_{ap}+b_{sp}$ 的季节和年度平均贡献。北京、广州、重庆和上海的年均 $b_{ap}+b_{sp}$ 源贡献相似。工业源是主要来源，占总数的 33%～41%。农业、电力和居民生活源也很重要，分别贡献了 13%～17%、13%～15% 和 12%～25%。来源贡献表现出明显的季节变化，冬季居民生活源排放较高，北京和西安的贡献约为 45%，大约为广州（21%）和上海（23%）的 2 倍。夏季，北京、重庆、上海和西安的电力源以及五个城市的交通源在这一年中贡献最少。北京、广州和上海工业源在夏季和秋季的贡献大于春季和冬季。露天焚烧、农业和沙尘来源也表现出明显的季节性变化。除广州外，大多数城市的春季和夏季露天焚烧更为重要。夏季农业源的贡献低于其他季节。在这五个城市中沙尘在冬季的贡献低于在其他季节的贡献。

9.5 讨论

图 9.8a 比较了不同组分对 $PM_{2.5}$ 质量浓度和消光系数的贡献。在所有五个城市中，土壤沙尘、颗粒物和有机物对消光系数的贡献远小于对总 $PM_{2.5}$ 的贡献。但是，硫酸盐、硝酸盐和元素碳显示出相反的趋势。因此，硫酸盐、硝酸盐和元素碳对于消光系数更为重要。此外，如图 9.8b 所示，不同源对 $PM_{2.5}$ 的源贡献和对消光系数的源贡献也不同。沙尘源对总 $PM_{2.5}$ 的

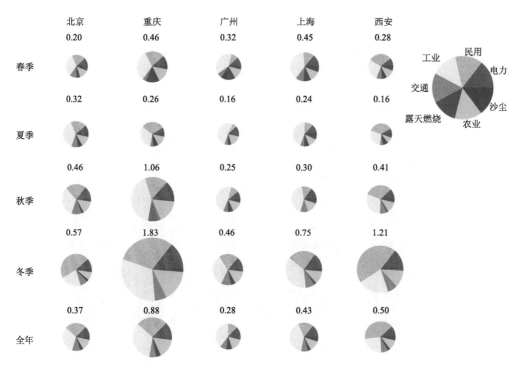

图 9.7 在中国五个主要城市不同源对颗粒物的 $b_{ap}+b_{sp}$ 的季节和年平均贡献

（每个饼图上方的数字代表 b_{ap} 与 b_{sp} 之和，单位：km^{-1}）

影响大于对消光系数的影响。反之，电力、工业和农业源对消光系数的影响比对总 $PM_{2.5}$ 的影响强。这五个城市的趋势都相似。对二次无机组分贡献较大的源，如电力、工业和农业源等对消光系数的贡献也比较大，因此减少这些来源的排放将有效提高能见度。

在当前研究中，消光系数源贡献的模拟受到一些因素的影响。首先，排放数据的不确定会影响消光系数来源贡献的准确性。以前的研究表明，排放估算受到与排放因子和活动水平相关的不确定性的影响（Lei et al.，2011a）。此外，中国不同地区排放的不确定性也各不相同。珠江三角洲、华北平原和长江三角洲地区的排放量估算通常更为准确，因为对这三个地区空气质量问题的研究比中国其他地区更早开始（Bouarar et al.，2019；Cheng et al.，2013；Liu et al.，2018）。因此，这些地区消光系数来源贡献的模拟比其他地区（如中国西部）更准确。在未来的研究中，定量分析排放的不确定性对来源贡献解析的影响具有很大的价值。

其次，IMPROVE 和修改的 IMPROVE 算法使用不同的颗粒物化学组分来计算消光系数。这两个算法是根据美国的数据制定的（Cao et al.，2012b；Jung et al.，2009a；Jung et al.，2009b），在中国可能有所不同。表 9.2 显示了使用 Yan 等人（2009）的算法后中国 59 个城市的消光系数模拟结果的评估。Yan 等人（2009）提供了两种吸湿增长函数，一个是北京的清洁状况；另一个是北京的污染状况。这两个函数都用于评估消光系数，其结果与 Malm 等人（2003）的吸湿增长函数值进行了比较。表 9.2 结果表明，清洁条件下的 29 个城市和污染条件下的 30 个城市的城市结果均有所提高，但不符合标准的城市数量也有所增加。北京和华北平原的城市结果均有所改善。中国本地化的消光系数和颗粒物组分之间的生长函数将可能降低模拟和观测到的消光系数的差异，从而提高使用溯源式模型估算消光系数源贡献的准确性。

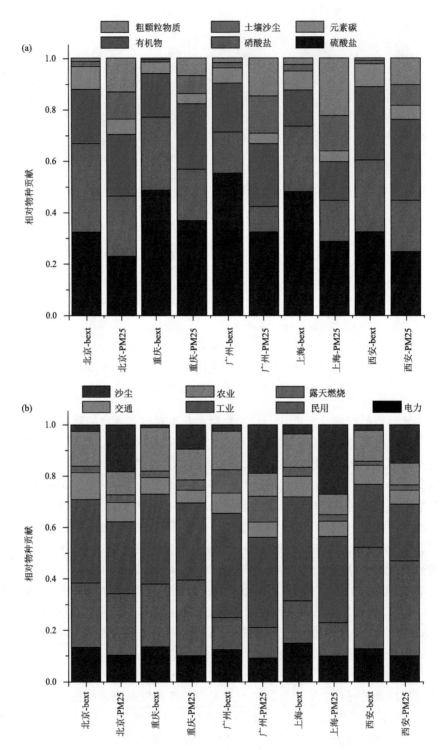

图 9.8　PM$_{2.5}$质量浓度和消光系数的来源贡献和物种贡献的比较
（_PM25 的后缀是对 PM$_{2.5}$的贡献，_bext 的后缀是对消光系数的贡献）

但也注意到其他一些城市,特别是华南城市的结果却变得更糟。结果表明,北京获得的参数不适用于其他地区。

表 9.2　使用北京增长函数的中国 59 个城市消光系数模拟性能评估

城市	清洁				污染			
	MO	MP	MFB	MFE	MO	MP	MFB	MFE
保定	0.29	0.46	0.11	0.57	0.29	0.48	0.15	0.58
北京	0.29	0.33	−0.01	0.47	0.29	0.35	0.01	0.47
沧州	0.28	0.4	0.05	0.53	0.28	0.42	0.09	0.54
长春	0.27	0.32	−0.22	0.67	0.27	0.34	−0.18	0.67
长沙	0.24	0.73	0.81	0.87	0.24	0.77	0.85	0.89
承德	0.15	0.22	0.06	0.58	0.15	0.23	0.08	0.6
成都	0.3	0.48	0.31	0.53	0.3	0.51	0.34	0.54
重庆	0.53	0.51	−0.18	0.47	0.53	0.55	−0.13	0.46
大连	0.22	0.19	−0.37	0.62	0.22	0.21	−0.34	0.62
福州	0.2	0.11	−0.7	0.8	0.2	0.12	−0.66	0.78
广州	0.2	0.19	−0.18	0.51	0.2	0.21	−0.12	0.5
贵州	0.24	0.36	−0.03	0.66	0.24	0.39	0.03	0.67
哈尔滨	0.23	0.46	0.38	0.66	0.23	0.5	0.42	0.7
海口	0.15	0.13	−0.47	0.73	0.15	0.13	−0.44	0.72
邯郸	0.39	0.66	0.25	0.52	0.39	0.69	0.28	0.53
杭州	0.55	0.37	−0.33	0.54	0.55	0.4	−0.28	0.51
合肥	0.41	0.55	0.07	0.5	0.41	0.58	0.12	0.5
衡水	0.25	0.49	0.35	0.59	0.25	0.52	0.38	0.61
淮安	0.61	0.4	−0.48	0.67	0.61	0.43	−0.43	0.64
呼和浩特	0.19	0.18	−0.27	0.66	0.19	0.19	−0.24	0.67
湖州	0.44	0.29	−0.48	0.62	0.44	0.32	−0.42	0.58
嘉兴	0.27	0.28	−0.07	0.55	0.27	0.3	−0.02	0.55
济南	0.24	0.46	0.39	0.64	0.24	0.47	0.41	0.65
金华	0.28	0.17	−0.7	0.81	0.28	0.18	−0.67	0.79
昆明	0.19	0.18	−0.38	0.78	0.19	0.19	−0.35	0.77
廊坊	0.36	0.45	−0.03	0.54	0.36	0.47	0	0.54
兰州	0.21	0.13	−0.66	0.77	0.21	0.13	−0.65	0.77
拉萨	0.1	0.02	−1.35	1.35	0.1	0.02	−1.35	1.35
连云港	0.39	0.33	−0.3	0.62	0.39	0.35	−0.25	0.61
丽水	0.3	0.13	−0.97	1.03	0.3	0.14	−0.95	1.01
南昌	0.32	0.29	−0.34	0.57	0.32	0.31	−0.31	0.56
南京	0.37	0.42	−0.04	0.48	0.37	0.44	0	0.48
南宁	0.21	0.23	−0.16	0.56	0.21	0.24	−0.11	0.56

城市	清洁				污染			
	MO	MP	MFB	MFE	MO	MP	MFB	MFE
南通	0.45	0.43	−0.12	0.49	0.45	0.46	−0.06	0.47
青岛	0.31	0.36	−0.06	0.57	0.31	0.38	−0.01	0.56
秦皇岛	0.23	0.36	0.11	0.6	0.23	0.38	0.16	0.62
衢州	0.36	0.2	−0.72	0.81	0.36	0.21	−0.69	0.79
上海	0.23	0.31	0.2	0.48	0.23	0.32	0.24	0.49
绍兴	0.26	0.21	−0.43	0.64	0.26	0.22	−0.39	0.61
沈阳	0.23	0.46	0.22	0.67	0.23	0.49	0.26	0.68
石家庄	0.32	0.45	0.01	0.57	0.32	0.47	0.04	0.58
宿迁	0.38	0.4	−0.14	0.54	0.38	0.42	−0.1	0.53
苏州	0.31	0.26	−0.34	0.54	0.31	0.27	−0.3	0.52
太原	0.24	0.3	0.05	0.45	0.24	0.31	0.08	0.46
台州市	0.35	0.41	0.04	0.49	0.35	0.44	0.09	0.49
泰州	0.3	0.25	−0.25	0.47	0.3	0.26	−0.21	0.44
唐山	0.3	0.44	0.22	0.5	0.3	0.47	0.26	0.52
天津	0.32	0.44	0.07	0.56	0.32	0.45	0.1	0.56
温州	0.24	0.11	−0.91	0.98	0.24	0.11	−0.89	0.96
武汉	0.28	0.94	0.86	0.91	0.28	1.01	0.9	0.94
乌鲁木齐	0.13	0.13	−0.48	0.75	0.13	0.13	−0.45	0.75
无锡	0.41	0.3	−0.42	0.56	0.41	0.32	−0.37	0.54
西安	0.26	0.39	0.11	0.55	0.26	0.41	0.13	0.55
西宁	0.14	0.11	−0.46	0.66	0.14	0.11	−0.45	0.65
徐州	0.35	0.54	0.22	0.58	0.35	0.57	0.25	0.58
扬州	0.33	0.37	−0.07	0.51	0.33	0.39	−0.03	0.5
银川	0.21	0.09	−0.92	0.99	0.21	0.09	−0.92	0.99
郑州	0.62	0.57	−0.1	0.51	0.62	0.58	−0.08	0.5
珠海	0.26	0.13	−0.81	0.88	0.26	0.14	−0.77	0.85

气溶胶光学性质受颗粒物混合状态的影响(Curci et al.,2015)。因此,建议未来研究使用具有更准确的总气溶胶的混合状态的模型,从而能准确地模拟相关的光学性质。棕碳光学性质的影响也很重要,但棕碳的排放源和光学性质之间的关系尚未确定,需要更多的研究(Yan et al.,2018)。冬季消光系数观测值和模拟值之间的差异相对较大,这可能导致源贡献的估算出现误差。上述因素,如与冬季排放相关的不确定性、消光系数与颗粒物组分之间的关系、颗粒物混合状态的模型处理和棕碳等,都可能导致差异。为了清楚地阐明不同因素对差异的确切贡献,未来还需要进行更多关于 $PM_{2.5}$ 化学、物理和光学性质的研究。

9.6　本章小结

本章采用溯源式空气质量模型,模拟了中国 2013 年不同来源对消光系数的贡献。通过 IMPROVE 和修订的 IMPROVE 算法,使用污染物组分的模拟浓度计算消光系数。模拟的消光系数与在春季、夏季和秋季观测到的消光系数基本一致,但在 2013 年冬季略微高估。消光系数主要受颗粒物吸收(主要是元素碳)和散射(主要是由于硫酸盐,硝酸盐和有机物组分)影响。北京、重庆、广州、上海和西安的源贡献及其季节变化是相似的。在北京、重庆、广州和上海,工业源是消光系数的最大来源,其次是居民生活源(在冬季更为主要)。电力和农业源排放的贡献也很大。总而言之,2013 年中国的年均消光系数主要来自工业(36%)、居民(20%)、农业(15%)、电力(14%)、交通运输(8%)、露天焚烧(4%)和扬尘(3%)。对于消光系数的来源贡献在不同地区有很大差异。主要行业来源在华北平原、东北地区和四川盆地的贡献超过其他地区。建议控制工业、居民和农业源排放,以提高中国的能见度,且在不同的区域和季节采用不同的控制策略。

参考文献

陈分定,2011.PMF、CMB、FA 等大气颗粒物源解析模型对比研究[D].长春:吉林大学.

程艳丽,李湉湉,白郁华,等,2009.珠江三角洲区域大气二次有机气溶胶的数值模拟[J].环境科学,30(12):3441-3447.

国家统计局,环境保护部,2014.中国环境统计年鉴 2014[M].北京:中国统计出版社.

环境保护部,国家质量监督检验检疫总局.2012.环境空气质量标准:GB3095—2012[S].北京:中国标准出版社.

王苏蓉,喻义勇,王勤耕,等,2015.基于 PMF 模式的南京市大气细颗粒物源解析[J].中国环境科学,35(12):3535-3542.

王新,聂燕,陈红,等,2016.兰州城区大气 $PM_{2.5}$ 污染特征及来源解析[J].环境科学,37(5):1619-1628.

王跃思,李文杰,高文康,等,2020.2013—2017 年中国重点区域颗粒物质量浓度和化学成分变化趋势[J].中国科学:地球科学,50(4):453-468.

王占山,李晓倩,王宗爽,等,2013.空气质量模型 CMAQ 的国内外研究现状[J].环境科学与技术,36(S1):386-391.

肖美,2007.南昌市区大气颗粒物化学组成特征及其源解析研究[D].南昌:南昌大学.

张延君,郑玫,蔡靖,等,2015.$PM_{2.5}$ 源解析方法的比较与评述[J].科学通报,60(2):109-121.

张远航,唐孝炎,毕木天,等,1987.兰州西固地区气溶胶污染源的鉴别[J].环境科学学报,7(3):269-278.

郑玫,张延君,闫才青,等,2013.上海 $PM_{2.5}$ 工业源谱的建立[J].中国环境科学,33(8):1354-1359.

AKIMOTO H,OHARA T,KUROKAWA J-I,et al,2006. Verification of energy consumption in China during 1996—2003 by using satellite observational data[J]. Atmospheric Environment,40(40):7663-7667.

ANDERSSON A,DENG J,DU K,et al,2015. Regionally-varying combustion sources of the January 2013 severe haze events over Eastern China[J]. Environmental Science & Technology,49(4):2038-2043.

APPEL K W,POULIOT G A,SIMON H,et al,2013. Evaluation of dust and trace metal estimates from the Community Multiscale Air Quality (CMAQ) model version 5.0[J]. Geoscientific Model Development,6(4):883-899.

BADR H S,ZAITCHIK B F,DEZFULI A K,2015. A tool for hierarchical climate regionalization[J]. Earth Science Informatics,8(4):949-958.

BAEK J,2009. Improving Aerosol Simulations:Assessing and Improving Emissions and Secondary Organic Aerosol Formation in Air Quality Modeling[D]. Atlanta:Georgia Institute of Tecnology.

BAI X M,SHI P J,LIU Y S,2014. Realizing China's urban dream[J]. Nature,509(7499):158-160.

BELIS C A,KARAGULIAN F,LARSEN B R,et al,2013. Critical review and meta-analysis of ambient particulate matter source apportionment using receptor models in Europe[J]. Atmospheric Environment,69:94-108.

BLIFFORD I H,MEEKER G O,1967. A factor analysis model of large scale pollution[J]. Atmospheric Environment,1(2):147-157.

BORBON A,FONTAINE H,VEILLEROT M,et al,2001. An investigation into the traffic-related fraction of isoprene at an urban location[J]. Atmospheric Environment, 35(22): 3749-3760.

BOUARAR I, BRASSEUR G, PETERSEN K, et al, 2019. Influence of anthropogenic emission inventories on simulations of air quality in China during winter and summer 2010[J]. Atmospheric Environment, 198: 236-256.

BOYD P W, JICKELLS T, LAW C S, et al, 2007. Mesoscale iron enrichment experiments 1993-2005: Synthesis and future directions[J]. Science, 315(5812): 612-617.

BOYLAN J W, RUSSELL A G, 2006. PM and light extinction model performance metrics, goals, and criteria for three-dimensional air quality models[J]. Atmospheric Environment, 40(26): 4946-4959.

BURR M J, ZHANG Y, 2011a. Source apportionment of fine particulate matter over the Eastern U. S. Part I: source sensitivity simulations using CMAQ with the Brute Force method[J]. Atmospheric Pollution Research, 2(3): 300-317.

BURR M J, ZHANG Y, 2011b. Source apportionment of fine particulate matter over the Eastern U. S. Part II: source apportionment simulations using CAMx/PSAT and comparisons with CMAQ source sensitivity simulations[J]. Atmospheric Pollution Research, 2(3): 318-336.

BYUN D W, CHING J, 1999. Science algorithms of the EPA Models-3 Community Multiscale Air Quality (CMAQ) Modeling System[R]. US, Washington DC: Environmental Protection Agency.

BYUN D, SCHERE K L, 2006. Review of the Governing Equations, Computational Algorithms, and Other Components of the Models-3 Community Multiscale Air Quality (CMAQ) Modeling System[J]. Applied Mechanics Reviews, 59(2): 51-77.

CAO J-J, SHEN Z-X, CHOW J C, et al, 2012. Winter and Summer $PM_{2.5}$ Chemical Compositions in Fourteen Chinese Cities[J]. Journal of the Air & Waste Management Association, 62(10): 1214-1226.

CAO J-J, WANG Q-Y, CHOW J C, et al, 2012. Impacts of aerosol compositions on visibility impairment in Xi'an, China[J]. Atmospheric Environment, 59: 559-566.

CARTER W P L, 2010. Development of the SAPRC-07 chemical mechanism[J]. Atmospheric Environment, 44(40): 5324-5335.

CARTER W P L, HEO G, 2013. Development of revised SAPRC aromatics mechanisms[J]. Atmospheric Environment, 77: 404-414.

CARTER W P, 2000. Documentation of the SAPRC-99 chemical mechanism for VOC reactivity assessment [J]. Contract, 92(329): 95-308.

CHAN C K, YAO X, 2008. Air pollution in mega cities in China[J]. Atmospheric Environment, 42(1): 1-42.

CHANG D, SONG Y, LIU B, 2009. Visibility trends in six megacities in China 1973—2007[J]. Atmospheric Research, 94(2): 161-167.

CHE H, ZHANG X, LI Y, et al, 2009. Haze trends over the capital cities of 31 provinces in China, 1981—2005[J]. Theoretical and Applied Climatology, 97(3/4): 235-242.

CHEN J, YING Q, KLEEMAN M J, 2010. Source apportionment of wintertime secondary organic aerosol during the California regional $PM_{10}/PM_{2.5}$ air quality study[J]. Atmospheric Environment, 44(10): 1331-1340.

CHENG Y, ZHENG G, WEI C, et al, 2016. Reactive nitrogen chemistry in aerosol water as a source of sulfate during haze events in China[J]. Science Advances, 2(12): e1601530.

CHENG Z, WANG S, JIANG J, et al, 2013. Long-term trend of haze pollution and impact of particulate matter in the Yangtze River Delta, China[J]. Environmental Pollution, 182: 101-110.

CHOW J C, WATSON J G, GREEN M C, et al, 2010. Filter Light Attenuation as a Surrogate for Elemental

Carbon[J]. Journal of the Air & Waste Management Association, 60(11): 1365-1375.

CRIPPA M, CANONACO F, LANZ V A, et al, 2014. Organic aerosol components derived from 25 AMS data sets across Europe using a consistent ME-2 based source apportionment approach[J]. Atmospheric Chemistry and Physics, 14(12): 6159-6176.

CURCI G, HOGREFE C, BIANCONI R, et al, 2015. Uncertainties of simulated aerosol optical properties induced by assumptions on aerosol physical and chemical properties: An AQMEII-2 perspective[J]. Atmospheric Environment, 115: 541-552.

DE SHERBININ A, LEVY M A, ZELL E, et al, 2014. Using satellite data to develop environmental indicators[J]. Environmental Research Letters, 9(8): 084013.

DENG J, WANG T, JIANG Z, et al, 2011. Characterization of visibility and its affecting factors over Nanjing, China[J]. Atmospheric Research, 101(3): 681-691.

DENG J, XING Z, ZHUANG B, et al, 2014. Comparative study on long-term visibility trend and its affecting factors on both sides of the Taiwan Strait[J]. Atmospheric Research, 143: 266-278.

DING A, HUANG X, NIE W, et al, 2019. Significant reduction of $PM_{2.5}$ in eastern China due to regional-scale emission control: evidence from SORPES in 2011—2018[J]. Atmospheric Chemistry and Physics, 19(18): 11791-11801.

DONG X, FU J S, HUANG K, et al, 2016. Model development of dust emission and heterogeneous chemistry within the Community Multiscale Air Quality modeling system and its application over East Asia[J]. Atmospheric Chemistry and Physics, 16(13): 8157-8180.

DUAN J, TAN J, 2013. Atmospheric heavy metals and Arsenic in China: Situation, sources and control policies[J]. Atmospheric Environment, 74: 93-101.

ELLIS R A, JACOB D J, SULPRIZIO M P, et al, 2013. Present and future nitrogen deposition to national parks in the United States: critical load exceedances[J]. Atmospheric Chemistry and Physics, 13(17): 9083-9095.

EMERY C, TAI E, YARWOOD G, 2001. Enhanced meteorological modeling and performance evaluation for two Texas ozone episodes[M]. CA Novato: ENVIRON International Corp.

EPA U S, 2007. Guidance on the Use of Models and Other Analyses for Demonstrating Attainment of Air Quality Goals for Ozone, $PM_{2.5}$, and Regional Haze[R]. Research Triangle Park, North Carolina: US Environmental Protection Agency.

FENG Y, NING M, LEI Y, et al, 2019. Defending blue sky in China: Effectiveness of the "Air Pollution Prevention and Control Action Plan" on air quality improvements from 2013 to 2017[J]. Journal of Environmental Management, 252: 109603.

FLEMMING J, STERN R, YAMARTINO R J, 2005. A new air quality regime classification scheme for O_3, NO_2, SO_2 and PM_{10} observations sites[J]. Atmospheric Environment, 39(33): 6121-6129.

FOLEY K M, ROSELLE S J, APPEL K W, et al, 2010. Incremental testing of the Community Multiscale Air Quality (CMAQ) modeling system version 4.7[J]. Geoscientific Model Development, 3(1): 205-226.

FOUNTOUKIS C, KORAJ D, VAN DER GON H A C D, et al, 2013. Impact of grid resolution on the predicted fine PM by a regional 3-D chemical transport model[J]. Atmospheric Environment, 68: 24-32.

FOVELL R G, FOVELL M-Y C, 1993. Climate Zones of the Conterminous United States Defined Using Cluster Analysis[J]. Journal of Climate, 6(11): 2103-2135.

FRANCHINI M, MANNUCCI P M, 2009. Particulate Air Pollution and Cardiovascular Risk: Short-term and Long-term Effects[J]. Seminars in Thrombosis and Hemostasis, 35(7): 665-670.

FU H, CHEN J, 2017. Formation, features and controlling strategies of severe haze-fog pollutions in China

［J］. Science of The Total Environment, 578: 121-138.

FU T-M, JACOB D J, WITTROCK F, et al, 2008. Global budgets of atmospheric glyoxal and methylglyoxal, and implications for formation of secondary organic aerosols[J]. Journal of Geophysical Research-Atmospheres, 113(D15): D15303.

FU X, WANG S, CHANG X, et al, 2016. Modeling analysis of secondary inorganic aerosols over China: pollution characteristics, and meteorological and dust impacts[J]. Scientific Reports, 6: 35992.

GAN C-M, HOGREFE C, MATHUR R, et al, 2016. Assessment of the effects of horizontal grid resolution on long-term air quality trends using coupled WRF-CMAQ simulations[J]. Atmospheric Environment, 132: 207-216.

GAO H W, CHEN J, WANG B, et al, 2011. A study of air pollution of city clusters[J]. Atmospheric Environment, 45(18): 3069-3077.

GENTNER D R, ISAACMAN G, WORTON D R, et al, 2012. Elucidating secondary organic aerosol from diesel and gasoline vehicles through detailed characterization of organic carbon emissions[J]. Proceedings of the National Academy of Sciences of the United States of America, 109(45): 18318-18323.

GONG P, LIANG S, CARLTON E J, et al, 2012. Urbanisation and health in China[J]. Lancet, 379(9818): 843-852.

GUENTHER A B, JIANG X, HEALD C L, et al, 2012. The Model of Emissions of Gases and Aerosols from Nature version 2.1 (MEGAN2.1): an extended and updated framework for modeling biogenic emissions[J]. Geoscientific Model Development, 5(6): 1471-1492.

GUENTHER A, KARL T, HARLEY P, et al, 2006. Estimates of global terrestrial isoprene emissions using MEGAN (Model of Emissions of Gases and Aerosols from Nature)[J]. Atmospheric Chemistry and Physics, 6(1): 3181-3210.

HACON S, ORNELAS C, IGNOTTI E, et al, 2007. Fine particulate air pollution and hospital admission for respiratory diseases in the amazon region[J]. Epidemiology, 18(5): S81.

HALLQUIST M, WENGER J C, BALTENSPERGER U, et al, 2009. The formation, properties and impact of secondary organic aerosol: current and emerging issues[J]. Atmospheric Chemistry and Physics, 9(14): 5155-5236.

HE K. Multi-resolution Emission Inventory for China (MEIC): model framework and 1990—2010 anthropogenic emissions[C]. Agu Fall Meeting, 2012

HE L-Y, HUANG X-F, XUE L, et al, 2011. Submicron aerosol analysis and organic source apportionment in an urban atmosphere in Pearl River Delta of China using high-resolution aerosol mass spectrometry[J]. Journal of Geophysical Research-Atmospheres, 116(D12): D12304.

HELLEN H, TYKKA T, HAKOLA H, 2012. Importance of monoterpenes and isoprene in urban air in northern Europe[J]. Atmospheric Environment, 59: 59-66.

HILDEBRANDT L, DONAHUE N M, PANDIS S N, 2009. High formation of secondary organic aerosol from the photo-oxidation of toluene[J]. Atmospheric Chemistry and Physics, 9(9): 2973-2986.

HOLLAND P W, WELSCH R E, 2007. Robust regression using iteratively reweighted least-squares[J]. Communications in Statistics—Theory and Methods, 6(9): 813-827.

HOPKE P K, 2016. Review of receptor modeling methods for source apportionment[J]. Journal of the Air & Waste Management Association, 66(3): 237-259.

HU J L, WANG Y, YING Q, et al, 2014a. Spatial and temporal variability of $PM_{2.5}$ and PM_{10} over the North China Plain and the Yangtze River Delta, China[J]. Atmospheric Environment, 95: 598-609.

HU J L, ZHANG H, CHEN S H, et al, 2014b. Predicting Primary $PM_{2.5}$ and $PM_{0.1}$ Trace Composition for

Epidemiological Studies in California[J]. Environmental Science & Technology, 48(9): 4971-4979.

HU J L, ZHANG H, CHEN S H, et al, 2014c. Identifying $PM_{2.5}$ and $PM_{0.1}$ Sources for Epidemiological Studies in California[J]. Environmental Science & Technology, 48(9): 4980-4990.

HU J L, WU L, ZHENG B, et al, 2015a. Source contributions and regional transport of primary particulate matter in China[J]. Environmental Pollution, 207: 31-42.

HU J L, YING Q, WANG Y, et al, 2015b. Characterizing multi-pollutant air pollution in China: Comparison of three air quality indices[J]. Environment International, 84: 17-25.

HU J L, ZHANG H, YING Q, et al, 2015c. Long-term particulate matter modeling for health effect studies in California. Part 1: Model performance on temporal and spatial variations[J]. Atmospheric Chemistry and Physics, 15(6): 3445-3461.

HU J L, CHEN J J, YING Q, et al, 2016. One-year simulation of ozone and particulate matter in China using WRF/CMAQ modeling system[J]. Atmospheric Chemistry and Physics, 16(16): 10333-10350.

HU J L, HUANG L, CHEN M D, et al, 2017a. Premature Mortality Attributable to Particulate Matter in China: Source Contributions and Responses to Reductions[J]. Environmental Science & Technology, 51 (17): 9950-9959.

HU J L, JATHAR S, ZHANG H, et al, 2017b. Long-term particulate matter modeling for health effect studies in California. Part 2: Concentrations and sources of ultrafine organic aerosols[J]. Atmospheric Chemistry and Physics, 17(8): 5379-5391.

HU J L, LI X, HUANG L, et al, 2017c. Ensemble prediction of air quality using the WRF/CMAQ model system for health effect studies in China[J]. Atmospheric Chemistry and Physics, 17(21): 13103-13118.

HU J L, WANG P, YING Q, et al, 2017d. Modeling biogenic and anthropogenic secondary organic aerosol in China[J]. Atmospheric Chemistry and Physics, 17(1): 77-92.

HU X M, MA Z Q, LIN W, et al, 2014. Impact of the Loess Plateau on the atmospheric boundary layer structure and air quality in the North China Plain: A case study[J]. Science of The Total Environment, 499 (15): 228-237.

HU Y, BALACHANDRAN S, PACHON J E, et al, 2014. Fine particulate matter source apportionment using a hybrid chemical transport and receptor model approach[J]. Atmospheric Chemistry and Physics, 14 (11): 5415-5431.

HU Y, YAO L, CHENG Z, et al, 2017. Long-term atmospheric visibility trends in megacities of China, India and the United States[J]. Environmental Research, 159: 466-473.

HU Z M, WANG J, CHEN Y Y, et al, 2014. Concentrations and source apportionment of particulate matter in different functional areas of Shanghai, China[J]. Atmospheric Pollution Research, 5(1): 138-144.

HUANG C, CHEN C H, LI L, et al, 2011. Emission inventory of anthropogenic air pollutants and VOC species in the Yangtze River Delta region, China[J]. Atmospheric Chemistry and Physics, 11(9): 4105-4120.

HUANG C, WANG H L, LI L, et al, 2015. VOC species and emission inventory from vehicles and their SOA formation potentials estimation in Shanghai, China[J]. Atmospheric Chemistry and Physics, 15(19): 11081-11096.

HUANG R-J, ZHANG Y, BOZZETTI C, et al, 2014. High secondary aerosol contribution to particulate pollution during haze events in China[J]. Nature, 514(7521): 218-222.

HUANG X-F, YU J Z, YUAN Z, et al, 2009. Source analysis of high particulate matter days in Hong Kong [J]. Atmospheric Environment, 43(6): 1196-1203.

HYSLOP N P, 2009. Impaired visibility: the air pollution people see[J]. Atmospheric Environment, 43(1): 182-195.

JACOB D J, WINNER D A, 2009. Effect of climate change on air quality[J]. Atmospheric Environment, 43 (1): 51-63.

JICKELLS T D, AN Z S, ANDERSEN K K, et al, 2005. Global iron connections between desert dust, ocean biogeochemistry, and climate[J]. Science, 308(5718): 67-71.

JOE D K, ZHANG H, DENERO S P, et al, 2014. Implementation of a high-resolution Source-Oriented WRF/Chem model at the Port of Oakland[J]. Atmospheric Environment, 82: 351-363.

JOHN W, WALL S M, ONDO J L, et al, 1990. Modes in the size distributions of atmospheric inorganic aerosol[J]. Atmospheric Environment, 24(9): 2349-2359.

JUNG J, LEE H, KIM Y J, et al, 2009a. Aerosol chemistry and the effect of aerosol water content on visibility impairment and radiative forcing in Guangzhou during the 2006 Pearl River Delta campaign[J]. Journal of Environmental Management, 90(11): 3231-3244.

JUNG J, LEE H, KIM Y J, et al, 2009b. Optical properties of atmospheric aerosols obtained by in situ and remote measurements during 2006 Campaign of Air Quality Research in Beijing (CAREBeijing-2006)[J]. Journal of Geophysical Research-Atmospheres, 114(D2): D00G02.

KANAKIDOU M, SEINFELD J H, PANDIS S N, et al, 2005. Organic aerosol and global climate modelling: a review[J]. Atmospheric Chemistry and Physics, 5(4): 1053-1123.

KE L, LIU W, WANG Y, et al, 2008. Comparison of $PM_{2.5}$ source apportionment using positive matrix factorization and molecular marker-based chemical mass balance[J]. Science of The Total Environment, 394 (2): 290-302.

KELLY J T, BHAVE P V, NOLTE C G, et al, 2010. Simulating emission and chemical evolution of coarse sea-salt particles in the Community Multiscale Air Quality (CMAQ) model[J]. Geoscientific Model Development, 3(1): 257-273.

KHAROL S K, MARTIN R V, PHILIP S, et al, 2013. Persistent sensitivity of Asian aerosol to emissions of nitrogen oxides[J]. Geophysical Research Letters, 40(5): 1021-1026.

KLEEMAN M J, YING Q, LU J, et al, 2007. Source apportionment of secondary organic aerosol during a severe photochemical smog episode[J]. Atmospheric Environment, 41(3): 576-591.

KOO B, WILSON G M, MORRIS R E, et al, 2009. Comparison of source apportionment and sensitivity analysis in a particulate matter air quality model[J]. Environmental Science & Technology, 43(17): 6669-6675.

KRAGIE S X, RYAN P B, BERGIN M H, et al, 2013. Airborne trace metals from coal combustion in Beijing [J]. Air Quality Atmosphere and Health, 6(1): 157-165.

KUROKAWA J, OHARA T, MORIKAWA T, et al, 2013. Emissions of air pollutants and greenhouse gases over Asian regions during 2000-2008: Regional Emission inventory in ASia (REAS) version 2[J]. Atmospheric Chemistry and Physics, 13(21): 11019-11058.

KWOK R H F, NAPELENOK S L, BAKER K R, 2013. Implementation and evaluation of $PM_{2.5}$ source contribution analysis in a photochemical model[J]. Atmospheric Environment, 80: 398-407.

LAI S, ZHAO Y, DING A, et al, 2016. Characterization of PM2.5 and the major chemical components during a 1-year campaign in rural Guangzhou, Southern China[J]. Atmospheric Research, 167: 208-215.

LANGRISH J P, BOSSON J, UNOSSON J, et al, 2012. Cardiovascular effects of particulate air pollution exposure: time course and underlying mechanisms[J]. Journal of Internal Medicine, 272(3): 224-239.

LARSON S M, CASS G R, 1989. Characteristics of summer midday low-visibility events in the Los Angeles area[J]. Environmental Science and Technology, 23(3): 281-289.

LARSSEN T, LYDERSEN E, TANG D G, et al, 2006. Acid rain in China[J]. Environmental Science & Technology, 40(2): 418-425.

LEI L, ZHOU W, CHEN C, et al, 2021. Long-term characterization of aerosol chemistry in cold season from 2013 to 2020 in Beijing, China[J]. Environmental Pollution, 268: 115952.

LEI Y, ZHANG Q, HE K B, et al, 2011. Primary anthropogenic aerosol emission trends for China, 1990—2005[J]. Atmospheric Chemistry and Physics, 11(3): 931-954.

LEI Y, ZHANG Q, NIELSEN C, et al, 2011. An inventory of primary air pollutants and CO_2 emissions from cement production in China, 1990—2020[J]. Atmospheric Environment, 45(1): 147-154.

LELIEVELD J, EVANS J S, FNAIS M, et al, 2015. The contribution of outdoor air pollution sources to premature mortality on a global scale[J]. Nature, 525(7569): 367-371.

LI C, MARTIN R V, BOYS B L, et al, 2016. Evaluation and application of multi-decadal visibility data for trend analysis of atmospheric haze[J]. Atmospheric Chemistry and Physics, 16(4): 2435-2457.

LI H, WANG J, WANG Q G, et al, 2015. Chemical fractionation of arsenic and heavy metals in fine particle matter and its implications for risk assessment: A case study in Nanjing, China[J]. Atmospheric Environment, 103: 339-346.

LI H, WANG Q G, SHAO M, et al, 2016. Fractionation of airborne particulate-bound elements in haze-fog episode and associated health risks in a megacity of southeast China[J]. Environmental Pollution, 208: 655-662.

LI H, ZHANG Q, ZHANG Q, et al, 2017. Wintertime aerosol chemistry and haze evolution in an extremely polluted city of the North China Plain: significant contribution from coal and biomass combustion[J]. Atmospheric Chemistry and Physics, 17(7): 4751-4768.

LI J, WANG G, AGGARWAL S G, et al, 2014. Comparison of abundances, compositions and sources of elements, inorganic ions and organic compounds in atmospheric aerosols from Xi'an and New Delhi, two megacities in China and India[J]. Science of The Total Environment, 476: 485-495.

LI J, CLEVELAND M, ZIEMBA L D, et al, 2015. Modeling regional secondary organic aerosol using the Master Chemical Mechanism[J]. Atmospheric Environment, 102: 52-61.

LI L, AN J Y, ZHOU M, et al, 2015. Source apportionment of fine particles and its chemical components over the Yangtze River Delta, China during a heavy haze pollution episode[J]. Atmospheric Environment, 123: 415-429.

LI M, ZHANG Q, STREETS D G, et al, 2014. Mapping Asian anthropogenic emissions of non-methane volatile organic compounds to multiple chemical mechanisms[J]. Atmospheric Chemistry and Physics, 14(11): 5617-5638.

LI M, LIU H, GENG G, et al, 2017. Anthropogenic emission inventories in China: a review[J]. National Science Review, 4(6): 834-866.

LI W, XU L, LIU X, et al, 2017. Air pollution-aerosol interactions produce more bioavailable iron for ocean ecosystems[J]. Science Advances, 3(3): e1601749.

LI X, ZHANG Q, ZHANG Y, et al, 2015a. Source contributions of urban $PM_{2.5}$ in the Beijing-Tianjin-Hebei region: Changes between 2006 and 2013 and relative impacts of emissions and meteorology[J]. Atmospheric Environment, 123: 229-239.

LI X, ZHANG X, ZHANG Z, et al, 2015b. Experimental research on noise emanating from concrete box-girder bridges on intercity railway lines[J]. Proceedings of the Institution of Mechanical Engineers Part F-Journal of Rail and Rapid Transit, 229(2): 125-135.

LI X, SONG J, LIN T, et al, 2016. Urbanization and health in China, thinking at the national, local and individual levels[J]. Environmental Health, 15(1): S32.

LIN J, AN J, QU Y, et al, 2016. Local and distant source contributions to secondary organic aerosol in the

Beijing urban area in summer[J]. Atmospheric Environment, 124: 176-185.

LIN Y C, CHEN J P, HO T Y, et al, 2015. Atmospheric iron deposition in the northwestern Pacific Ocean and its adjacent marginal seas: The importance of coal burning[J]. Global Biogeochemical Cycles, 29(2): 138-159.

LIN Y-H, ZHANG H, PYE H O T, et al, 2013. Epoxide as a precursor to secondary organic aerosol formation from isoprene photooxidation in the presence of nitrogen oxides[J]. Proceedings of the National Academy of Sciences of the United States of America, 110(17): 6718-6723.

LIU B, SONG N, DAI Q, et al, 2016. Chemical composition and source apportionment of ambient PM2. 5 during the non-heating period in Taian, China[J]. Atmospheric Research, 170: 23-33.

LIU H, WU B, LIU S, et al, 2018. A regional high-resolution emission inventory of primary air pollutants in 2012 for Beijing and the surrounding five provinces of North China[J]. Atmospheric Environment, 181: 20-33.

LIU J, MAUZERALL D L, CHEN Q, et al, 2016. Air pollutant emissions from Chinese households: A major and underappreciated ambient pollution source[J]. Proceedings of the National Academy of Sciences of the United States of America, 113(28): 7756-7761.

LU X, FUNG J C H, 2016. Source apportionment of sulfate and nitrate over the Pearl River delta region in China[J]. Atmosphere, 7(8): 98.

LUO C, MAHOWALD N, BOND T, et al, 2008. Combustion iron distribution and deposition[J]. Global Biogeochemical Cycles, 22(1): GB1012.

MALM W C, 2000. Spatial and Seasonal Patterns and Temporal Variability of Haze and its Constituents in the United States[R]. Fort Collins CO: Interagency Monitoring of Protected Visual Environments.

MALM W C, DAY D E, KREIDENWEIS S M, et al, 2003. Humidity-dependent optical properties of fine particles during the Big Bend Regional Aerosol and Visibility Observational Study[J]. Journal of Geophysical Research: Atmospheres, 108(D9): 4279.

MALM W C, SISLER J F, HUFFMAN D, et al, 1994. Spatial and seasonal trends in particle concentration and optical extinction in the United States[J]. Journal of Geophysical Research: Atmospheres, 99(D1): 1347-1370.

MARTIN L R, GOOD T W, 1991. Catalyzed oxidation of sulfur dioxide in solution: The iron-manganese synergism[J]. Atmospheric Environment, 25(10): 2395-2399.

MCLAREN R, SINGLETON D L, LAI J, et al, 1996. Analysis of motor vehicle sources and their contribution to ambient hydrocarbon distributions at urban sites in Toronto during the Southern Ontario oxidants study[J]. Atmospheric Environment, 30(12): 2219-2232.

MILLER M S, FRIEDLANDER S K, HIDY G M, 1972. A chemical element balance for the Pasadena aerosol [J]. Journal of Colloid and Interface Science, 39(1): 165-176.

MYSLIWIEC M J, KLEEMAN M J, 2002. Source apportionment of secondary airborne particulate matter in a polluted atmosbere[J]. Environmental Science & Technology, 36(24): 5376-5384.

NG N L, KROLL J H, CHAN A W H, et al, 2007. Secondary organic aerosol formation from m-xylene, toluene, and benzene[J]. Atmospheric Chemistry and Physics, 7(14): 3909-3922.

NORUŠIS M J, 2011. IBM SPSS statistics 19 guide to data analysis[M]. New Jersey, Upper Saddle River: Pearson Prentice Hall.

OMRAN M G H, ENGELBRECHT A P, SALMAN A, 2007. An overview of clustering methods[J]. Intelligent Data Analysis, 11(6): 583-605.

OSTRO B, HU J, GOLDBERG D, et al, 2015. Associations of mortality with long-term exposures to fine and ultrafine particles, species and sources: results from the California Teachers Study Cohort[J]. Environmental Health Perspectives, 123(6): 549-556.

PAATERO P, TAPPER U, 1993. Analysis of different modes of factor analysis as least squares fit problems [J]. Chemometrics and Intelligent Laboratory Systems, 18(2): 183-194.

PAYTAN A, MACKEY K R M, CHEN Y, et al, 2009. Toxicity of atmospheric aerosols on marine phytoplankton[J]. Proceedings of the National Academy of Sciences of the United States of America, 106(12): 4601-4605.

PITCHFORD M, MALM W, SCHICHTEL B, et al, 2007. Revised algorithm for estimating light extinction from IMPROVE particle speciation data[J]. Journal of the Air & Waste Management Association, 57(11): 1326-1336.

QI L, CHEN M, GE X, et al, 2016. Seasonal Variations and Sources of 17 Aerosol Metal Elements in Suburban Nanjing, China[J]. Atmosphere, 7(12): 153.

QI Y, LU J, KLEEMAN M, 2009. Modeling air quality during the California Regional $PM_{10}/PM_{2.5}$ Air Quality Study (CPRAQS) using the UCD/CIT source-oriented air quality model. Part Ⅲ: Regional source apportionment of secondary and total airborne particulate matter[J]. Atmospheric Environment, 43(2): 419-430.

QIAN W, TANG X, QUAN L, 2004. Regional characteristics of dust storms in China[J]. Atmospheric Environment, 38(29): 4895-4907.

QIAO X, TANG Y, HU J, et al, 2015a. Modeling dry and wet deposition of sulfate, nitrate, and ammonium ions in Jiuzhaigou National Nature Reserve, China using a source-oriented CMAQ model: Part I. Base case model results[J]. Science of The Total Environment, 532: 831-839.

QIAO X, TANG Y, KOTA S H, et al, 2015b. Modeling dry and wet deposition of sulfate, nitrate, and ammonium ions in Jiuzhaigou National Nature Reserve, China using a source-oriented CMAQ model: Part Ⅱ. Emission sector and source region contributions[J]. Science of The Total Environment, 532: 840-848.

QUAN J, TIE X, ZHANG Q, et al, 2014. Characteristics of heavy aerosol pollution during the 2012—2013 winter in Beijing, China[J]. Atmospheric Environment, 88: 83-89.

SAIKAWA E, KIM H, ZHONG M, et al, 2017. Comparison of emissions inventories of anthropogenic air pollutants and greenhouse gases in China[J]. Atmospheric Chemistry and Physics, 17(10): 6393-6421.

SCHROEDER W H, DOBSON M, KANE D M, et al, 1987. Toxic trace-elements associated with airborne particulate matter—a review[J]. Japca-the International Journal of Air Pollution Control and Hazardous Waste Management, 37(11): 1267-1285.

SEINFELD J H, PANDIS S N, 1998. Atmospheric Chemistry and Physics: From Air Pollution to Climate Change[M]. New Jersey, Hoboken: John Wiley & Sons Inc.

SHEN X J, SUN J Y, ZHANG X Y, et al, 2015. Characterization of submicron aerosols and effect on visibility during a severe haze-fog episode in Yangtze River Delta, China[J]. Atmospheric Environment, 120: 307-316.

SHEN X, LIU B, 2016. Changes in the timing, length and heating degree days of the heating season in central heating zone of China[J]. Scientific Reports, 6(1): 33384.

SHEN Z, CAO J, ARIMOTO R, et al, 2009. Ionic composition of TSP and $PM_{2.5}$ during dust storms and air pollution episodes at Xi'an, China[J]. Atmospheric Environment, 43(18): 2911-2918.

SHI Z, LI J, HUANG L, et al, 2017. Source apportionment of fine particulate matter in China in 2013 using a source-oriented chemical transport model[J]. Science of The Total Environment, 601: 1476-1487.

SKYLLAKOU K, MURPHY B N, MEGARITIS A G, et al, 2014. Contributions of local and regional sources to fine PM in the megacity of Paris[J]. Atmospheric Chemistry and Physics, 14(5): 2343-2352.

SONG Y, ZHANG Y H, XIE S D, et al, 2006. Source apportionment of $PM_{2.5}$ in Beijing by positive matrix factorization[J]. Atmospheric Environment, 40(8): 1526-1537.

STREETS D G, YARBER K F, WOO J H, et al, 2003. Biomass burning in Asia: Annual and seasonal estimates and atmospheric emissions[J]. Global Biogeochemical Cycles, 17(4): 1099.

STROUD C A, MAKAR P A, MORAN M D, et al, 2011. Impact of model grid spacing on regional- and urban- scale air quality predictions of organic aerosol[J]. Atmospheric Chemistry and Physics, 11 (7): 3107-3118.

SUN Y L, JIANG Q, WANG Z, et al, 2014. Investigation of the sources and evolution processes of severe haze pollution in Beijing in January 2013[J]. Journal of Geophysical Research-Atmospheres, 119(7): 4380-4398.

SUN Y L, WANG Z F, DU W, et al, 2015. Long-term real-time measurements of aerosol particle composition in Beijing, China: seasonal variations, meteorological effects, and source analysis[J]. Atmospheric Chemistry and Physics, 15(17): 10149-10165.

TAO J, GAO J, ZHANG L, et al, 2014a. $PM_{2.5}$ pollution in a megacity of southwest China: source apportionment and implication[J]. Atmospheric Chemistry and Physics, 14(16): 8679-8699.

TAO J, ZHANG L, CAO J, et al, 2014b. Characterization and source apportionment of aerosol light extinction in Chengdu, southwest China[J]. Atmospheric Environment, 95: 552-562.

TAO M, CHEN L, XIONG X, et al, 2014. Formation process of the widespread extreme haze pollution over northern China in January 2013: Implications for regional air quality and climate[J]. Atmospheric Environment, 98: 417-425.

TAYLOR S R, 1985. The continental crust: its composition and evolution[M]. United States, Carlton: Blackwell Scientific Publications.

TRIJONIS J, 1984. Effect of diesel vehicles on visibility in California[J]. Science of The Total Environment, 36: 131-140.

TURPIN B J, LIM H J, 2001. Species Contributions to $PM_{2.5}$ Mass Concentrations: Revisiting Common Assumptions for Estimating Organic Mass[J]. Aerosol Science and Technology, 35(1): 602-610.

VIANA M, KUHLBUSCH T A J, QUEROL X, et al, 2008. Source apportionment of particulate matter in Europe: A review of methods and results[J]. Journal of Aerosol Science, 39(10): 827-849.

WAGSTROM K M, PANDIS S N, 2011. Contribution of long range transport to local fine particulate matter concerns[J]. Atmospheric Environment, 45(16): 2730-2735.

WANG C L, WANG Y Y, SHI Z H, et al, 2021. Effects of using different exposure data to estimate changes in premature mortality attributable to $PM_{2.5}$ and O_3 in China[J]. Environmental Pollution, 285: 117242.

WANG D X, HU J L, XU Y, et al, 2014. Source contributions to primary and secondary inorganic particulate matter during a severe wintertime $PM_{2.5}$ pollution episode in Xi'an, China[J]. Atmospheric Environment, 97: 182-194.

WANG G H, ZHANG R Y, GOMEZ M E, et al, 2016. Persistent sulfate formation from London Fog to Chinese haze[J]. Proceedings of the National Academy of Sciences of the United States of America, 113(48): 13630-13635.

WANG H B, TIAN M, LI X H, et al, 2015. Chemical composition and light extinction contribution of $PM_{2.5}$ in urban Beijing for a 1-year period[J]. Aerosol and Air Quality Research, 15(6): 2200-2211.

WANG L T, JANG C, ZHANG Y, et al, 2010. Assessment of air quality benefits from national air pollution control policies in China. Part I: Background, emission scenarios and evaluation of meteorological predictions[J]. Atmospheric Environment, 44(28): 3442-3448.

WANG L T, WEI Z, YANG J, et al, 2014. The 2013 severe haze over southern Hebei, China: model evaluation, source apportionment, and policy implications[J]. Atmospheric Chemistry and Physics, 14(6): 3151-3173.

WANG L T, WEI Z, WEI W, et al, 2015. Source apportionment of $PM_{2.5}$ in top polluted cities in Hebei, China using the CMAQ model[J]. Atmospheric Environment, 122: 723-736.

WANG P, YING Q, ZHANG H, et al, 2018. Source apportionment of secondary organic aerosol in China using a regional source-oriented chemical transport model and two emission inventories[J]. Environmental Pollution, 237: 756-766.

WANG Q Q, HE X, HUANG X H H, et al, 2017. Impact of Secondary Organic Aerosol Tracers on Tracer-Based Source Apportionment of Organic Carbon and $PM_{2.5}$: A Case Study in the Pearl River Delta, China [J]. Acs Earth and Space Chemistry, 1(9): 562-571.

WANG Q, CHENG X-L, ZHANG D-Y, et al, 2013. Tectorigenin Attenuates Palmitate-Induced Endothelial Insulin Resistance via Targeting ROS-Associated Inflammation and IRS-1 Pathway [J]. Plos One, 8 (6): e66417.

WANG R, TAO S, WANG W, et al, 2012. Black Carbon Emissions in China from 1949 to 2050[J]. Environmental Science & Technology, 46(14): 7595-7603.

WANG S W, ZHANG Q, STREETS D G, et al, 2012. Growth in NO_x emissions from power plants in China: bottom-up estimates and satellite observations [J]. Atmospheric Chemistry and Physics, 12(10): 4429-4447.

WANG Y G, YING Q, HU J L, et al, 2014. Spatial and temporal variations of six criteria air pollutants in 31 provincial capital cities in China during 2013—2014 [J]. Environment International, 73: 413-422.

WANG Y H, GAO W K, WANG S, et al, 2020. Contrasting trends of $PM_{2.5}$ and surface-ozone concentrations in China from 2013 to 2017[J]. National Science Review, 7(8): 1331-1339.

WANG Z S, CHIEN C J, TONNESEN G S, 2009. Development of a tagged species source apportionment algorithm to characterize three-dimensional transport and transformation of precursors and secondary pollutants[J]. Journal of Geophysical Research: Atmospheres, 114(D21): D21206.

WATSON J G, COOPER J A, HUNTZICKER J J, 1984. The effective variance weighting for least squares calculations applied to the mass balance receptor model[J]. Atmospheric Environment, 18(7): 1347-1355.

WATSON J G, 2002. Visibility: Science and regulation[J]. Journal of the Air & Waste Management Association, 52(6): 628-713.

WEI Z, WANG L, MA S, et al, 2015. Source Contributions of $PM_{2.5}$ in the Severe Haze Episode in Hebei Cities[J]. The Scientific World Journal, 2015: 480542.

WEN X Y, LIU Z Y, WANG S W, et al, 2016. Correlation and anti-correlation of the East Asian summer and winter monsoons during the last 21,000 years[J]. Nature Communications, 7: 11999.

WESELY M L, 1989. Parameterization of surface resistances to gaseous dry deposition in regional-scale numerical models[J]. Atmospheric Environment 23(6): 1293-1304.

WIEDINMYER C, AKAGI S K, YOKELSON R J, et al, 2011. The Fire INventory from NCAR (FINN): A high resolution global model to estimate the emissions from open burning[J]. Geosci Model Dev, 4(3): 625-641.

WMO, 2008. Aerodrome Reports and Forecasts: a User's Handbook to the Codes[R]. World Meteorological Organization.

WU C, YU J Z, 2016. Determination of primary combustion source organic carbon-to-elemental carbon

（OCaEuro-/aEuro-EC）ratio using ambient OC and EC measurements：secondary OC-EC correlation minimization method[J]. Atmospheric Chemistry and Physics，16(8)：5453-5465.

WU D, FUNG J C H, YAO T, et al, 2013. A study of control policy in the Pearl River Delta region by using the particulate matter source apportionment method[J]. Atmospheric Environment，76：147-161.

XIAO Q Y, MA Z W, LI S S, et al, 2015. The Impact of Winter Heating on Air Pollution in China[J]. Plos One，10(1)：e0117311.

XIAO Z M, ZHANG Y F, HONG S M, et al, 2011. Estimation of the main factors influencing haze, based on a long-term monitoring campaign in Hangzhou, China[J]. Aerosol and Air Quality Research，11(7)：873-882.

XU H, CAO J, CHOW J C, et al, 2016. Inter-annual variability of wintertime $PM_{2.5}$ chemical composition in Xi′an, China：Evidences of changing source emissions[J]. Science of The Total Environment，545：546-555.

XU Q, WANG S, JIANG J, et al, 2019. Nitrate dominates the chemical composition of $PM_{2.5}$ during haze event in Beijing, China[J]. Science of The Total Environment，689：1293-1303.

XU W, WU Q, LIU X, et al, 2016. Characteristics of ammonia, acid gases, and $PM_{2.5}$ for three typical land-use types in the North China Plain[J]. Environmental Science and Pollution Research，23(2)：1158-1172.

YAN H M, YANG H, YUAN Y, et al, 2011. Relationship Between East Asian Winter Monsoon and Summer Monsoon[J]. Advances in Atmospheric Sciences，28(6)：1345-1356.

YAN J, WANG X, GONG P, et al, 2018. Review of brown carbon aerosols：Recent progress and perspectives[J]. Science of The Total Environment，634：1475-1485.

YAN P, PAN X, TANG J, et al, 2009. Hygroscopic growth of aerosol scattering coefficient：A comparative analysis between urban and suburban sites at winter in Beijing[J]. Particuology，7(1)：52-60.

YANG F, TAN J, ZHAO Q, et al, 2011. Characteristics of $PM_{2.5}$ speciation in representative megacities and across China[J]. Atmospheric Chemistry and Physics，11(11)：5207-5219.

YING H, DIVITA F, 2008. SPECIATE 4.2 Speciation database development documentation[R]. Washington D C：US Environmental Protection Agency.

YING Q, KLEEMAN M J, 2004a. Efficient source apportionment of airborne particulate matter using an internally mixed air quality model with artificial tracers[J]. Environ Sci Eng，1(1)：91-99.

YING Q, MYSLIWIEC M, KLEEMAN M J, 2004b. Source apportionment of visibility impairment using a three-dimensional source-oriented air quality model[J]. Environmental Science & Technology，38(4)：1089-1101.

YING Q, KLEEMAN M J, 2006. Source contributions to the regional distribution of secondary particulate matter in California[J]. Atmospheric Environment，40(4)：736-752.

YING Q, KLEEMAN M, 2009. Regional contributions to airborne particulate matter in central California during a severe pollution episode[J]. Atmospheric Environment，43(6)：1218-1228.

YING Q, KRISHNAN A, 2010. Source contributions of volatile organic compounds to ozone formation in southeast Texas[J]. Journal of Geophysical Research-Atmospheres，115(D17)：D17306.

YING Q, CURENO I V, CHEN G, et al, 2014a. Impacts of Stabilized Criegee Intermediates, surface uptake processes and higher aromatic secondary organic aerosol yields on predicted $PM_{2.5}$ concentrations in the Mexico City Metropolitan Zone[J]. Atmospheric Environment，94：438-447.

YING Q, WU L, ZHANG H L, 2014b. Local and inter-regional contributions to $PM_{2.5}$ nitrate and sulfate in China[J]. Atmospheric Environment，94：582-592.

YING Q, LI J, KOTA S H, 2015. Significant Contributions of Isoprene to Summertime Secondary Organic

Aerosol in Eastern United States[J]. Environmental Science & Technology, 49(13): 7834-7842.

ZHAI S, JACOB D J, WANG X, et al, 2019. Fine particulate matter (PM$_{2.5}$) trends in China, 2013—2018: separating contributions from anthropogenic emissions and meteorology[J]. Atmospheric Chemistry and Physics, 19(16): 11031-11041.

ZHAI S, JACOB D J, WANG X, et al, 2021. Control of particulate nitrate air pollution in China[J]. Nature Geoscience, 14(6): 389-395.

ZHANG H L, CHEN G, HU J L, et al, 2014. Evaluation of a seven-year air quality simulation using the Weather Research and Forecasting (WRF)/Community Multiscale Air Quality (CMAQ) models in the eastern United States[J]. Science of The Total Environment, 473: 275-285.

ZHANG H L, YING Q, 2011a. Secondary organic aerosol formation and source apportionment in Southeast Texas[J]. Atmospheric Environment, 45(19): 3217-3227.

ZHANG H L, YING Q, 2011b. Contributions of local and regional sources of NO$_x$ to ozone concentrations in Southeast Texas[J]. Atmospheric Environment, 45(17): 2877-2887.

ZHANG H L, LI J, YING Q, et al, 2012a. Source apportionment of PM$_{2.5}$ nitrate and sulfate in China using a source-oriented chemical transport model[J]. Atmospheric Environment, 62: 228-242.

ZHANG H L, YING Q, 2012b. Secondary organic aerosol from polycyclic aromatic hydrocarbons in Southeast Texas[J]. Atmospheric Environment, 55: 279-287.

ZHANG H L, LI J Y, YING Q, et al, 2013. Source apportionment of formaldehyde during TexAQS 2006 using a source-oriented chemical transport model[J]. Journal of Geophysical Research-Atmospheres, 118(3): 1525-1535.

ZHANG H L, HU J L, KLEEMAN M, et al, 2014. Source apportionment of sulfate and nitrate particulate matter in the Eastern United States and effectiveness of emission control programs[J]. Science of The Total Environment, 490: 171-181.

ZHANG H L, WANG Y, HU J L, et al, 2015. Relationships between meteorological parameters and criteria air pollutants in three megacities in China[J]. Environmental Research, 140: 242-254.

ZHANG J K, SUN Y, LIU Z R, et al, 2014. Characterization of submicron aerosols during a month of serious pollution in Beijing, 2013[J]. Atmospheric Chemistry and Physics, 14(6): 2887-2903.

ZHANG J, LI J Y, WANG P, et al, 2017. Estimating population exposure to ambient polycyclic aromatic hydrocarbon in the United States - Part I: Model development and evaluation[J]. Environment International, 99: 263-274.

ZHANG J, WANG P, LI J Y, et al, 2016. Estimating population exposure to ambient polycyclic aromatic hydrocarbon in the United States. Part II: Source apportionment and cancer risk assessment[J]. Environment International, 97: 163-170.

ZHANG Q, JIMENEZ J L, CANAGARATNA M R, et al, 2007. Ubiquity and dominance of oxygenated species in organic aerosols in anthropogenically-influenced Northern Hemisphere midlatitudes[J]. Geophysical Research Letters, 34(13): L13801.

ZHANG Q, ZHENG Y, TONG D, et al, 2019. Drivers of improved PM$_{2.5}$ air quality in China from 2013 to 2017[J]. Proceedings of the National Academy of Sciences, 116(49): 24463-24469.

ZHANG R, JING J, TAO J, et al, 2013. Chemical characterization and source apportionment of PM$_{2.5}$ in Beijing: seasonal perspective[J]. Atmospheric Chemistry and Physics, 13(14): 7053-7074.

ZHANG R Y, WANG G H, GUO S, et al, 2015. Formation of Urban Fine Particulate Matter[J]. Chemical Reviews, 115(10): 3803-3855.

ZHANG S J, WU Y, WU X M, et al, 2014. Historic and future trends of vehicle emissions in Beijing,

1998—2020: A policy assessment for the most stringent vehicle emission control program in China[J]. Atmospheric Environment, 89: 216-229.

ZHANG X, CAPPA C D, JATHAR S H, et al, 2014. Influence of vapor wall loss in laboratory chambers on yields of secondary organic aerosol[J]. Proceedings of the National Academy of Sciences of the United States of America, 111(16): 5802-5807.

ZHANG X H, ZHANG Y M, SUN J Y, et al, 2017. Chemical characterization of submicron aerosol particles during wintertime in a northwest city of China using an Aerodyne aerosol mass spectrometry[J]. Environmental Pollution, 222: 567-582.

ZHANG Y, ZHU X, ZENG L, et al. 2004. Source apportionment of fine-particle pollution in Beijing[C]// Urbanization, Energy, and Air Pollution in China: the Challenges Ahead Proceedings of a Symposium.

ZHANG Y, ZHANG X, WANG L T, et al, 2016. Application of WRF/Chem over East Asia: Part I. Model evaluation and intercomparison with MM5/CMAQ[J]. Atmospheric Environment, 124: 285-300.

ZHAO B, WANG S, DONG X, et al, 2013. Environmental effects of the recent emission changes in China: implications for particulate matter pollution and soil acidification[J]. Environmental Research Letters, 8 (2): 024031.

ZHENG B, HUO H, ZHANG Q, et al, 2014. High-resolution mapping of vehicle emissions in China in 2008 [J]. Atmospheric Chemistry and Physics, 14(18): 9787-9805.

ZHENG B, ZHANG Q, ZHANG Y, et al, 2015. Heterogeneous chemistry: a mechanism missing in current models to explain secondary inorganic aerosol formation during the January 2013 haze episode in North China [J]. Atmospheric Chemistry and Physics, 14(15): 2031-2049.

ZHENG B, TONG D, LI M, et al, 2018. Trends in China's anthropogenic emissions since 2010 as the consequence of clean air actions[J]. Atmospheric Chemistry and Physics, 18(19): 14095-14111.

ZHENG G J, DUAN F K, SU H, et al, 2015. Exploring the severe winter haze in Beijing: the impact of synoptic weather, regional transport and heterogeneous reactions[J]. Atmospheric Chemistry and Physics, 15 (6): 2969-2983.

ZHENG J, HU M, PENG J F, et al, 2016. Spatial distributions and chemical properties of $PM_{2.5}$ based on 21 field campaigns at 17 sites in China[J]. Chemosphere, 159: 480-487.

ZHU Y, HUANG L, LI J, et al, 2018. Sources of particulate matter in China: Insights from source apportionment studies published in 1987—2017[J]. Environment International, 115: 343-357.

ZHUANG X, WANG Y, HE H, et al, 2014. Haze insights and mitigation in China: An overview[J]. Journal of Environmental Sciences, 26(1): 2-12.

ZIKOVA N, WANG Y, YANG F, et al, 2016. On the source contribution to Beijing $PM_{2.5}$ concentrations [J]. Atmospheric Environment, 134: 84-95.